U0057769

K068

蔬菜變盆栽

自然生活家
董淑芬
著

人文的・健康的・DIY的
腳丫文化

Vegetables Becomes Potted

我的廚房花園

｜因為喜歡買菜喜歡做飯，一見到新鮮的
食材，總是會無法克制的買上一堆，因此
家中的一角總是堆積了不少食材，光看這
些就會感覺自己很富有吧！

｜由於我的工作性質有時候很清閒，但有
時候卻非常忙碌，東奔西跑，一忙起來不
要說做飯了，連吃飯都得匆匆忙忙，一旦
疏於下廚，食材放到發芽長根，也是常有
的事。

｜發芽的食材我會用碟子或盤子放在窗台上，提醒自己要快快用掉，但忙碌的時候，這些食材在碟子裡一天天長大，反成了一片小森林，看來倒也美麗，我也就不忙著處理。有時候我在這些蔬菜盆栽上加點小石頭，讓根可以攀附、固定，比較不會倒伏，有些則只是保持淺淺的水，而有些我則會用泥炭苔細心的栽種起來，我的廚房花園就是這樣形成的。

｜國外這幾年日漸風行「園藝療法」，人們透過與植物培養親密關係，來改善人們的身、心、靈狀態。透過選擇適當花種、翻土、換盆等栽種過程，刺激感官神經。經由園藝治療師專業的設計與引導，讓失智的長者或是患有情緒障礙的兒童、青少年，釋放情緒、平穩身心，這個自然療法逐漸受到重視。

｜姑且不論其療效如何，從事園藝活動一定會帶來許多意想不到的收穫，每當身體不適，在床上躺了幾天之後，只要能走得進花園，能彎得下腰來除草，就能恢復得特別快！也因此我相信在花園裡，除了找到快樂，同時也能找到健康，雖然不是人人都能擁有花園，但想擁有盆栽卻是輕而易舉的事情。

｜一直以來，我都在尋求更簡單，更容易的栽培方式，好讓喜歡園藝的人，不必因為空間或時間，必須放棄擁有盆栽植物的快樂，不想花錢買花的時候，廚房裡的食材，也能變成漂亮的盆栽。

｜有些食材盆栽，可以讓你享受第二次收成的樂趣，而有些則會開出美麗的花，這是一件多麼神奇又容易的事情啊！

｜要注意的是，有些食材的栽種有季節性，而有些則是一年四季都可以種，栽種前請仔細閱讀書中的提醒，現在就走進廚房和我一起開始吧！

董淑芬

Contents 目錄

Part 1
春天的蔬菜

summer

Part 2
夏天的蔬菜

Part 3
秋天的蔬菜

Autumn

Part 4
冬天的蔬菜

種出漂亮的蔬菜盆栽

Cucumber

| 我喜歡花園，喜歡漫步在花叢裡，聞著花香，台灣氣候獨特，春、夏、秋、冬四季的花卉和蔬菜並不明顯，有時候夏天產的蔬果，到初冬都還能在超市尋見，像是夏天常拌來吃的小黃瓜，到了冬天有時候也會嘴饞，買回來後加點鹽、白醋醃漬，嚐起來的滋味和夏天一樣爽口。

| 我在家裡的頂樓，打造一個屬於我自己的小小菜圃，這個菜圃不只是種菜來吃，更是我抒發壓力和情緒的好地方。工作累的時候、心情不好的時候，我就走到菜圃裡挑挑蟲、除除草，也順便把壞心情都除掉。在廚房裡我也有一個小小花園菜圃，把家裡的蔬菜種成盆栽一樣美麗。

|「種菜」和「觀景盆栽」是不是可以兼得？當然是可以的。像是家裡的蔬菜吃不完的時候、剛剛好用到剩一點點的時候、買到太老蔬菜的時候，甚至就是想要觀賞盆栽的時候，都可以把這些蔬菜加以利用，種成觀賞植物，不但方便，還非常與眾不同。但是，蔬菜變盆栽的祕訣是什麼呢？任何蔬菜都可以種嗎？下面幾個重點是要掌握的。

| 選種很重要

即使不為食用，純粹是要用來種趣味盆栽的食材，還是要選擇當季新鮮的種類，如此種出來的盆栽才會美麗。挑選時注意蔬菜的外觀是否飽滿結實，避免購買萎縮乾癟，或是有外傷、蛀洞等的情形，這種外觀有瑕疵的在栽培過程中容易產生腐壞的現象，因此要特別注意。

| 栽種前確實清洗

最好是使用軟毛刷子輕輕刷洗蔬果表面，除去泥土等髒污，也可以把附著在葉柄以及凹槽部份的蟲卵去除，這樣種出來的盆栽才不會發生蟲害。

| 發芽前保持適當水份

根莖類的食材往往需要一段時間才會萌芽，因此在未發芽前，要保持適當的水份，才不會發生萎縮或乾癟的情形。水不必太多，大約2～3公分即可，如果水出現渾濁現象就要更換，並檢查是否有腐壞的現象，將之去除。

| 明亮的光線

充足的陽光可以讓盆栽長得結實有活力，一旦開始發芽長葉，就可以移到窗邊，或是有燈光照射的明亮處，但並不需要像栽種草花或其他木本植物那樣，接受戶外強

To Choose

Water

烈的陽光。突然將原本待在室內的盆栽，
拿到戶外曬太陽，反而會讓葉片灼傷。

剪除黃葉、定期修剪

隨著葉片的生長茂盛，慢慢的也會出現老
化的黃葉，有些種類老葉會自行脫落，而
有些則需要動手剪除。隨時清除黃葉，讓
盆栽保持美觀，也有助於植物的健康。

To Trim

盆器與植物的比例搭配

一般來說會長得高大的植物選用高的盆
器，會讓盆栽的線條比例更完美，整體感
覺也較穩重。如薑黃、慈菇、荸薺等，使
用高一點或寬一點的盆器來栽種，除了美
觀之外，才不會發生因為植物太高大，造
成重心不穩而傾倒的事情。

組合屬性相同的盆栽

把屬性相同的蔬菜搭在一起更有趣味，例
如適合水栽的可以使用水缽，將二～三種
混搭栽種在水中，還能養一些小魚悠游在
其間，讓室內氛圍更有生命力。

此外，向上直立生長的植物搭配匍匐下垂
的植物，也會讓盆栽看起來有豐富的層次
感，大家不妨發揮創意大膽嘗試吧！

Fish Culture

栽種必備工具

｜各種花器

栽培這些趣味的盆栽，不一定要使用花盆，有時食器或鄉村風格的雜貨，反而會有意想不到的效果！有無排水孔的容器都可以使用，無孔的容器要注意積水不要超過一公分，而且在積水尚未吸收完畢之前不可再澆水，以免植物的根部長期泡在水裡，缺乏氧氣影響健康。

｜栽培介質

泥炭苔｜在室內栽培植物時，如果有異味的產生，就會招來蚊蟲。因此要使用清潔且沒有肥料的培養土，此類的培養土一般會標示「無肥料」，其成份主要是泥炭苔或椰纖土，使用時先鋪進容器中，然後再用噴霧器將土壤噴濕，在花市或大賣場園藝區都可購得。

麥飯石｜水生類如荸薺、慈姑等，如果只是放入水中就容易浮起，添加麥飯石可讓植物的根部固定，又可以淨化水質保持清澈。使用麥飯石就不需要再用其他的栽培介質，麥飯石在水族館或園藝資材店可以購得，有顆粒大小之分，使用一公分左右的即可，不要買太細小的。

發泡煉石｜發泡煉石可用來鋪在土壤的表面，可防止水份蒸發得太快，也讓盆栽看起來更美觀清潔。

｜澆水器／噴霧器

準備澆花器和噴霧器各一只，尚未發芽前使用噴霧器來保持根莖類表面的濕潤，待根部深入土中並長出葉片後，即可改用澆水方式保持土壤濕潤。

｜鏟子／剪刀

小鏟子｜用來盛起泥炭苔等栽培介質，如果容器不大，亦可使用湯匙來盛土。

剪刀｜有些植物的黃葉會留在莖節上許久不容易脫落、若用手強行拉扯，可能會導致植物受傷，因此必須使用剪刀來剪除黃葉。

花器

泥炭苔

發泡煉石

麥飯石

剪刀

澆水器

鏟子

噴霧器

可觀賞但葉片不食用的蔬菜：

百合、荸薺、草石蠶、芋頭、葛鬱金、慈姑、花生、玉米、薑、南薑、薑黃、馬鈴薯。

葉片不食用但地下莖或塊根可食用的蔬菜：

百合、荸薺、草石蠶、芋頭、葛鬱金、慈姑、薑、南薑、薑黃、馬鈴薯、花生。

可採收葉片來食用的蔬菜：

大白菜、蒜頭、紅丸大根、根甜菜、珠蔥、洋蔥、西洋芹、豌豆、紅鳳菜、隼人瓜、川七、地瓜、地瓜葉、白花馬齒莧。

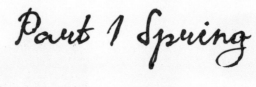

Part 1 Spring

春天的
蔬菜

春天的季節，
溫度剛剛好，
不冷也不熱，
適合為自己規劃一個獨一無二的小旅行，
尋找生活中的小確幸。

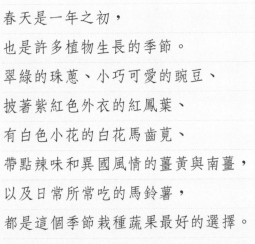

春天是一年之初，
也是許多植物生長的季節。
翠綠的珠蔥、小巧可愛的豌豆、
披著紫紅色外衣的紅鳳葉、
有白色小花的白花馬齒莧、
帶點辣味和異國風情的薑黃與南薑，
以及日常所常吃的馬鈴薯，
都是這個季節栽種蔬果最好的選擇。

spring

可食用的部位 | **球莖、綠色葉片**
●上市季節 | **全年**
●盆栽觀賞期 | **全年均可栽種。每次栽種的球莖約可觀賞 1～2 個月**

珠蔥

很 香 很 甜 很 清 脆

就算發了芽還是可以吃的珠蔥，

香氣濃郁，

辣味比一般的青蔥淡一些，

平常用水種一些在廚房，

想調味的時候就拿來加吧！

拉麵裡的狐狸

｜春天下著接連不斷的雨，雖然讓人心情鬱悶，但也會有額外的豐收，雨水會讓原本只是一小叢的蔬菜變成一大叢。早春的花椰菜採收後，留下一區裸露的泥土，正好廚房裡的珠蔥也發了芽，於是就順手種在土裡，轉眼間長出一片綠油油的蔥。

｜栽種在大花箱裡的珠蔥，地面部份如果開始枯萎，便可收成新的蔥頭，如不收成繼續留在花盆裡，在夏天時會暫時休眠，此時要停止澆水，等秋天來臨時會再次萌芽生長。由於花盆栽種的蔥頭總是長得比較瘦小，我的習慣是將之全部收成，想栽種時再從市場裡買回碩大的珠蔥頭即可。

｜耐心的清洗自己栽種的珠蔥，晶瑩剔透的蔥頭倒也可愛，大大小小蔥頭不知道要用來做什麼才好，不如就做成油蔥酥，既可拌麵又能拌菜。

｜煮狐狸拉麵時，我會將花盆裡的珠蔥連根拔起，切碎了來用，或是將蔥綠的部份細起整株用來燉肉，也喜歡隨興細成一束放在火鍋湯頭裡，春天的蔥會讓火鍋變得湯鮮味美。

｜當然狐狸拉麵裡頭絕不會有任何和狐狸有關的材料，只是因為放了像狐狸的臉一樣的三角形豆腐皮而已，而另一個傳說是因為狐狸非常愛吃油豆腐皮因而命名！對小孩子來説，故事才是最重要的，料理除了美味，有時加一點想像力會更有趣。

｜栽培蔬菜和採收蔬菜，除了實際上的效益，更多的時候其實是為了增添生活的樂趣，窗台並不一定要繁花盛開，偶爾種種幾盆蔬菜也不錯。

Spring 種植好蔬菜

1.
家裡的珠蔥不小心發芽了,請不要丟棄。

2.
完全無介質的水栽法,要將外膜剝除以免發霉,並可保持水質清潔。

3.
剛開始栽培的頭幾天,水特別容易混濁,要記得每天更換清潔的水。

4.
隨著綠葉的生長,水只要讓根部碰到即可,不要讓蔥頭整個泡在水裡。

5.
約兩星期左右就可長出滿滿一盆漂亮的蔥綠。

6.
種好的蔥也可以吃,連蔥頭一起拔起、切碎,添加於料理中即可。

Q｜水耕珠蔥需要天天換水嗎?

A｜不需要天天換水。只要水沒有呈現渾濁的情形,就不用天天換水,但是要記得添加、補充水份,以免過於乾涸。

狐狸烏龍麵的由來源自於日本，日本流傳著狐狸愛吃豆皮的說法，所以日本的烏龍麵店會把豆皮放在麵中一起食用。

私房食譜｜
狐狸拉麵

材料｜珠蔥 20 公克，三角豆腐皮 2 片，烏龍麵 2 糰，日式柴魚醬油適量
做法｜
1. 將日式柴魚醬油加水稀釋到適當的鹹度，煮沸。
2. 放入三角豆腐皮、烏龍麵一起煮沸。
3. 珠蔥洗淨，連莖捆成一束放入，或是切碎灑上即可。

Point

發芽的珠蔥，即使外皮發霉，但只要裡頭沒有腐爛，都可用來栽種。一般來說，可以使用土壤栽種的土栽法或使用麥飯石來固定的水栽法，當然如果家中都沒有這兩種材料時，使用完全無介質的水栽法也非常方便，只要在栽種時保持少量水份，不要讓蔥枯萎即可。

可食用的部位 | **豆仁、綠葉、嫩莢**
●上市季節 | **全年**
●盆栽觀賞期 | **全年均可栽種。每次栽種的豌豆約可觀賞 1～2 個月**

春

豌豆

堅強豆莢包覆著柔軟

豌豆苗吃起來和豆仁的口感完全不同，
上街去買的豆苗往往沒自己親手種的來的鮮嫩，
女兒最喜歡我把豆苗炒入飯中，
吃起來既營養又美味。

料理春天的愛情豆苗

｜冬末初春的山上，霧總是濃得化不開，被雨霧包圍的窗戶結著一層水氣，得用乾布逐一擦拭才能看到外面的世界。一對小彎嘴畫眉鳥來到廚房外的樹叢下覓食，這裡是我刻意製造的食物天堂，過期的麵包、不堪食用的蔬果……吸引著沒有冬眠的小動物，台灣紫嘯鶇、小彎嘴畫眉、樹鵲、五色鳥、斑鳩、白頭翁都是我的食客。紫嘯鶇喜歡吃葡萄，白頭翁喜歡飯粒，小彎嘴畫眉喜歡菜葉下的昆蟲，透過玻璃窗我可以就近觀察牠們的一舉一動，也為烹煮三餐多了一些閒暇的樂趣。

｜園子裡成簇的巴西里是春天的奢華料理，去掉太老的梗子洗乾淨後，當成蕃茄起司鍋裡的燙蔬菜來吃，這是專屬的春季限定美味，燙過巴西里的湯很香，也可以加一些通心麵或飯來吃。茂盛的薄荷會在春天佔去花園的走道，所以要適時的拔除一些，辛辣嗆涼的口感用在泰式涼拌海鮮裡吃起來很爽口，巨大的峨蔘用一大把做成香辣刺激的義大利麵，即使是不適合當成蔬菜吃上一盤的香蜂草，也可用來為料理添香。

｜春雨也讓光禿禿的玫瑰腳下長出許多細葉碎米薺，吃起來有著哇沙米般淡淡的辛辣的口感，趁未開花前去了根並且洗淨，就可以像豆苗一樣加在三明治或是湯裡。又肥又嫩的鵝兒腸喜歡躲在花園的角落，也是春天美味的野菜之一，以前沒有花園的時候會在朋友的農場採一大袋回家，路邊雖也隨處可見，但可能有除草劑的污染，不確定時還是別亂摘野菜。

｜春天窗台邊自然也少不了種上幾盆豌豆苗，以防因長時間下雨，連門也懶得出。就在窗邊隨手剪下一把，炒飯、炒麵、夾三明治，濕冷的天氣想在廚房少待些時間，飲食自然就得精簡些。

｜種菜和種花的心情是一樣的，吃下這些春天的香蔬野菜，心情也會跟著浪漫起來！

Spring 種植好蔬菜

1.
乾燥的豌豆去除破碎或蟲蛀的不良品，浸泡一夜後將水倒掉後加蓋。

2. 使用完全無介質的水栽法，一開始根部因為沒有可供附著的泥炭土或麥飯石等介質，加入清水時豆子會滾來滾去，將水倒掉後記得要將豆子再鋪平。

3.
豌豆的根越來越長，盤據在玻璃容器的底部，此時豆苗就會固定，不再隨波逐流。

4. 長出瓶口的豆苗非常茂密，每天使用清水沖洗豆子根部後，將水倒掉後留下底部約0.5公分的清水即可，水太多時泡在水裡的豌豆仁容易腐爛。

5.
超出瓶口5公分後就可以修剪下來食用，所以不要使用太深的瓶子。

6.
採收時將瓶口以上的部份全部剪下，會再次萌芽，但只能採收兩次左右。

Q｜泥炭苔可以使用市售的培養土來替代嗎？

A｜泥炭苔是一種進口的栽培介質，具有清潔、質輕、保水性佳的優點，而且完全沒有添加肥料、用於室內栽培時才不會引來蚊蠅。購買市售的培養土時，要仔細閱讀成份，如果有添加肥料，就不適合用於室內，而且也不適合用來栽培生食的豆苗。

有時候我會把打散的蛋液直接淋在白飯上一起炒，這樣白飯上就會沾著金黃色的蛋，看起來色香味俱全。

私房食譜 |
豆苗炒飯

材料 | 豌豆苗 1 把，蛋 1 顆，火腿、玉米粒少許
做法
1. 豌豆苗洗淨、切小段；火腿切小丁；蛋液打散。
2. 鍋燒熱後放入沙拉油將蛋炒散，再放入飯、火腿、玉米粒拌炒均勻。
3. 加入適當的鹽或醬油來調味。
4. 起鍋前先熄火，再拌入豌豆苗拌勻即可。

乾燥豌豆成熟度足夠才適合栽種，市場上的新鮮綠豌豆仁太嫩，適合用來料理。豌豆使用完全無介質的水栽法，比較適合在冬天到春天這種冷涼的季節，土耕法雖然需要使用泥炭苔，但收穫量較多。在夏天的季節裡豆仁容易腐爛，使用泥炭苔比較適合。

可食用的部位 | 葉
● 上市季節 | 12～5 月、9～12 月
● 盆栽觀賞期 | 全年

紅鳳菜

紫紅色的葉子好美麗

女兒喜歡跟在我一旁弄著這些花花草草，

尤其是紅鳳菜的紫紅色，

在陽光底下特別耀眼，

相當討喜，

我們一家大小都很喜歡。

spring 種植好蔬菜

1.
選用老一點的莖來插枝，並將葉片剪除 1/2 以減少水份蒸發。

2.
斜插在無肥料的培養土中，保持濕潤放在陰涼處，約 5～7 天即會長根。

3.
葉片開始生長即可移到日照充足處，並將頂端剪除以促進側芽生長。

4.
因為是收成期很長的多年生蔬菜，所以要記得施肥才能生長的好。

5.
約長到 15 公分左右即可收成，保留兩片葉子，把莖整個剪下。

6.
美麗的葉片是花園裡很好的點綴。

Q｜紅鳳菜被不知名的蟲啃得坑坑洞洞，不知該如何是好？

A｜紅鳳菜雖然少蟲害，不過倒是有一種蛾類的幼蟲喜歡吃，仔細檢查葉子的背面將蟲去除，很快的，盆栽就會恢復茂盛。

將少許的豆腐乳加入紅鳳菜
飯中，鹹鹹的滋味好滿足。

私房食譜 |
梅子紅鳳菜飯

材料 |
紅鳳菜 1 把，麻油適量，梅子豆腐乳 1 小塊，冷開水 1 大匙，煮熟的飯 1 碗
做法 |
1. 紅鳳菜取下葉片洗淨，放入滾水中燙熟後撈出、切碎。
2. 用磨缽將梅子豆腐乳和冷開水磨勻，加入麻油拌勻。
3. 熱飯與紅鳳菜、調味料拌勻即可食用

Point

一年四季都可以插枝紅鳳菜，但春、秋兩季是最佳的時機，因為紅鳳菜在溫暖而且不炎熱的季節生長最好，

這時候也要記得給予肥料。

春天來種花

│二○一一年的冬天，山城的陽光少的可憐。日照短缺，高麗菜一叢叢的綠葉攤開著，無法順利結球，這一季吃的都是有點硬的綠色高麗菜菜。綠葉雖有營養，但牙齒也得夠好才行，陽光不夠的時候，綠手指也不管用，得差金手指去應付才成。

│由於不喜歡年節期間人多擁擠的市場，因此多仰賴小園子裡的蔬菜或窗邊的芽菜，兩星期沒有採買，院子裡的蔬菜多半已經採收完畢，僅剩下少許芹菜和大量的紅鳳菜。紅鳳菜栽培容易，即使日照些微不足也能生長，加上紫紅色的葉片是花園裡很美的點綴，因此走道旁或花壇的邊界種上一排紅鳳菜，既美觀又實用。

│雖然天天下雨，但偶爾也會有一兩天的好天氣。巧的是，有時雨停了，仍不見著太陽。太陽不來，我就駕著我的小白車追尋陽光的蹤影，總是很自然的就會往朋友的苗圃開去。以造園為主的朋友帶我在他的園子裡繞來繞去，欣賞五百株大大小小的茶花，此時節茶花開的正美，不禁讓我有些心動。不過院子已經沒有灌木的空間了，只能帶回紫色鳶尾和紅色的鳳梨鼠尾草。

│另外一家以香草和特殊花卉為主的馬大哥，是十幾年的老朋友，勤奮的馬太太每次一見我，總是抱怨花卉產業景氣不好，一旁的馬大哥說他過年還吃泡麵果腹。

│「不會比我多……這個過年我吃了兩次泡麵」我說。不過煮泡麵時我會在裡頭加點蔬菜，像是紅鳳菜、角菜這種號稱排毒的蔬菜。

│最後一站的苗圃，是大園這一區苗圃裡生意最好的一家，假日遊客一向很多，園主大哥經常忙著在販賣區烤香腸。

│「你改行烤香腸囉？！」我揶揄著。

│「連你都很少出現　就知道賣花有多不容易。」園主說著。

│哎！真是說到小市民心中的痛。既然園圃的泥土都空出來了，秋冬的蔬菜也告了一段落，夏天來臨前不如就種點小花，趁此擺脫今年菜種的不好的窘況。有時，轉個念頭過生活，才能讓自己更快樂。

可食用的部位｜**地下莖、葉片**
● 上市季節｜**12～3月**
● 盆栽觀賞期｜**4～11月**

薑黃

藏 著 金 色 的 心

時而有雨、
時而晴的山上生活，
愜意又自在。
而上市場尋找不同的食材，
總有意想不到的驚奇！
有次和市場的婆婆聊天後，
採買薑黃回家做料理。
才發現，
薑黃藏著金色的心，
相當漂亮，
令人愛不釋手。

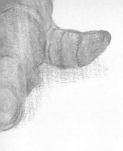

Spring 種植好蔬菜

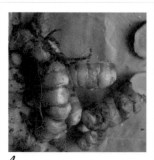

1.
薑黃外表看起來像薑，但切開來裡頭是金黃色的。

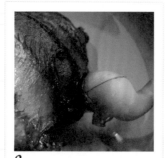

2.
冬天購買的薑黃，過了春天就很容易發芽。

3.
將發芽後的薑黃直接放在泥炭苔上，就能順利生長。

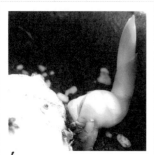

4.
新芽會長出根深入土中穩固植株。

5.
薑黃是屬於大型的香料植物，葉片也很大，因此選用的盆器，必須平穩才不會傾倒。

6.
選擇室內光線良好的窗邊，可讓薑黃生長的更好。

Q ｜ 如果買不到新鮮的薑黃，可以其他的替代品嗎？

A ｜ 新鮮的薑黃並不常見，一般多為園藝收集的庭園植物，或農家少量栽培，因此僅於冬天少量上市，要買還得碰運氣。料理使用乾燥品即可，乾品除了不能用來栽培之外，氣味和色澤倒是不錯的。

加了紅蔥頭的薑黃栗子飯，
香氣四溢，口感獨特。

私房食譜｜
薑黃栗子飯

材料｜雞胸肉 1 副，杏鮑菇，紅蔥頭，薑黃 1 塊，去殼的新鮮栗子半斤，白米 2 杯
做法｜
1. 雞胸肉先用蒜末、醬油、酒醃入味。
2. 將米洗淨，放入煮飯標準的水再多半杯，然後浸泡著再來處理以下的步驟。
3. 杏鮑菇切片、薑黃切片、紅蔥頭切末。
4. 爆香紅蔥頭後加入薑黃、雞肉煎香放入杏鮑菇略炒一下，加點鹽調味。
5. 將所有材料放入米中用電鍋煮好即可。

Point

薑黃是屬於大型的香料植物，如果希望栽種出來的盆栽不要太大，就要選擇小一點的莖來栽培，小莖長出來的葉子會比較小。此外第一片葉片因養分充足也會較大，所以可以剪掉讓它重長，除了使用土栽，也可以像南薑那樣使用麥飯石及水來栽培，庭園露地栽培除了可收成底下的薑黃，碩大的葉片也可用來包裹蒸煮食物。

薑黃栗子飯

｜喜歡在冬天氣晴朗時將房子好好清潔一番，清櫃子、洗窗簾，拋棄累贅的過去，迎接新的一年。雜亂的房子會影響心靈的純淨，保持整潔與明亮有助於健康，整理後的屋子清清爽爽，舖上小碎花桌布，掛上手做的花環，點上聖誕燈或美麗的蠟燭，在糖果罐裡裝滿糖果，換上溫馨豐美的季節裝飾，心情也會轉換。如此一來，過年前就不需要再冒著濕冷下雨的天氣做苦工。

｜在家裡休養了一個月，依偎著爐火喝茶吃點心，或靜靜的看一本小書，既不買菜也不做飯，有時竟想念起人聲鼎沸的菜市場，想念起那些新鮮豐美的蔬果，真想到菜市場逛一逛。出院時醫生特別囑咐三個月內不能提重物，因此買菜還是要有所節制，不能像過去那樣扛著大包小包買個盡興，因此僅只是走走看看，少量採買今天要吃的份量。走著走著巧遇了農家剛採收的一小堆薑黃，裡頭的薑肉金黃誘人。

｜問了栽種的婦人怎麼料理，她只告訴我可以煮魚湯或咖哩，也說不出個所以然！心想，薑黃其實帶有苦味，光是用薑黃是煮不出好咖哩的，況且咖哩的配料非常非常的複雜並不好烹飪。猶豫了一會兒，最後還是好奇買了一小袋薑黃。經過栗子攤前又買了些去殼的新鮮栗子，薑黃與栗子應該可以做出美味的料理。薑黃帶有濃厚的印度色彩，所以除了雞肉、杏鮑菇、薑黃、栗子、紅蔥、椰漿之外，在炊煮之際還加了幾枝香蘭，做了這道薑黃栗子飯，在這冷冷的天氣吃起來格外溫暖。

｜薑黃又名為鬱金，有活血止痛、疏肝解鬱、葉片頗大並帶有特殊的芳香，用來褒飯蒸煮應該也不錯，改天來試試！

可食用的部位 | 地下部根莖、嫩葉
●上市季節 | 全年
●盆栽觀賞期 | 4～12 月

春

南薑
穿著紅色的外衣

煮菜煮久了，

就會想要試試不同的料理與菜色，

變化料理的口味。

偏偏異國料理的食材不好買，

若能在家裡栽種一些辛香料食材，

不僅可以增添料理的樂趣，

亦可以賞心悅目。

泰國小姐的小吃店

∣過了冬至之後，白晝開始變長，山上的天氣越來越冷。幾天沒上樓，植物們變得好多，鼠尾草伸展著壯碩的銀灰色葉子，細香蔥被風吹的塌散一地，玫瑰禁不住濕冷，葉子早已落得寥寥無幾。馬蜂橙瑟縮在花園的一角，香雪球的小花精神抖擻，迷霧中夢幻般的紫色的小花……

∣下了樓走到庭院裡張望了一下隔壁鄰居荒廢的庭園，新任的屋主顯然不喜歡太多植物，原本茂盛的花木都被攔腰鋸斷，有些惋惜！別人的庭園管不著，還是好好照顧自己的院子吧！角落裡的南薑，此時還睡在土裡，在夏天的時候想要採收一截南薑來做菜，是一件很吃力的事情。因為庭植的南薑根系非常強壯，不容易挖掘，去年夏天挖過一次之後，就有點懶得再採收了。此刻新芽尚未長出之前，正是挖掘的最好時機，雖說休眠，但挖起來還是很費力，一大團壯碩的南薑用來煮什麼好呢？

∣泰式酸辣海鮮湯是我最常做的料理，除了南薑還要用到園子裡的檸檬草和馬蜂橙，此外珠蔥、芹菜、香菜、辣椒也少不了。第一次吃酸辣湯，是在鎮上的一家泰國小吃店。剛嫁來台灣的泰國小姐在騎樓下賣起了家鄉的菜餚，炒河粉、炒飯、酸辣海鮮湯……等。不像一般餐廳的泰國菜，但多了一種家鄉味。

∣泰國小姐看起來不是很專業，做菜的速度也很慢，語言不太通的我們，用菜單上的照片和簡單的英文來點菜。不過在騎樓下人來人往的地方吃飯畢竟有點怪，後來都是直接外帶回家吃。去多了，我偶爾也用自己很破的英文和她聊起天來，邊看她料理，有時也分享她一束束花園裡的香草，香寥、薄荷、馬蜂橙。懶得下山時，自己也學了煮酸辣湯，只要材料齊全煮酸辣湯並不難，倒是炒飯和炒河粉總是學不像，不知究竟是少了哪一味？

Spring 種植好蔬菜

1.
將買回來的南薑洗淨後,用一點清水在盆裡養著。

2.
天氣溫暖時,大約1個月後就會養出新芽。

3.
室內或窗邊的光線,即可讓新芽變綠。

4.
隨著新芽逐漸長高,為避免倒伏,可使用容器和麥飯石加以固定。

5.
根部穩固之後,除了生長較好,看起來也很美觀。

6.
油綠有光澤的葉片是很好的觀賞植物,在東南亞也常用來燉煮肉類。

Q │ **在市場看過有人賣野薑花的地下莖也叫南薑,這是同一種植物嗎?**

A │ 南薑和野薑花並不是同一種植物。野薑花的地下莖,也可以用來料理,只是兩者在氣味上很不同。南薑是泰式料理常用的佐料,在國內多為進口或人工栽培,並沒有野生的。

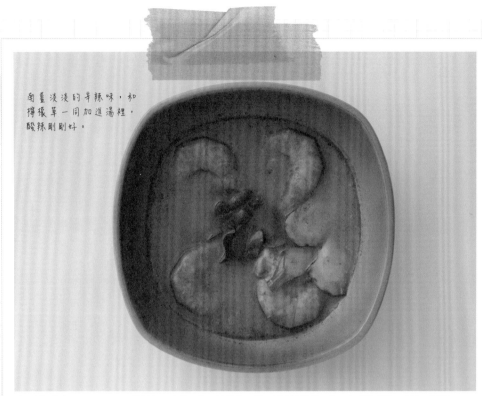

南薑淡淡的辛辣味，和
檸檬草一同加進湯裡，
酸辣剛剛好。

私房食譜│
泰式酸辣湯

材料│A. 南薑 1 塊，檸檬草 3 枝，越南檸檬葉 5 片，泰式酸湯醬 1 大匙，椰漿 250cc
B. 蝦 10 隻，透抽 1 尾，文蛤　C. 檸檬，芹菜，蔥白適量

做法│
1. 南薑切片，檸檬草切段，芹菜、蔥白切細，檸檬壓汁備用。
2. 將 1000cc 水放入南薑煮沸，加入泰式酸湯醬、椰漿。
3. 將 B 料的透抽、蝦放入煮熟，再放文蛤和檸檬草。
4. 文蛤開口後，加入 C 料即熄火。

Point

室內水栽南薑時，須在容器底層鋪上 3 ～ 5 公分的麥飯石或是發泡煉石，放上南薑後再用麥飯石固定。生長
期間保持底層有水即可，不要讓莖浸泡在水裡，每隔一段時間將盆栽拿到水龍頭底下沖掉表面的灰塵。

可食用的部位 | **地下塊莖**
● 上市季節 | **全年**
● 盆栽觀賞期 | **春秋兩季**

春

馬鈴薯

會長出厚實的塊莖

常常發現，
馬鈴薯總是在我不注意的時候，
偷偷長出了芽。
而發芽的馬鈴薯不能吃了，
丟掉又會覺得可惜。
這時候，
我就會試著把馬鈴薯栽種在花盆裡，
期待長出新的小小薯。

魔法森林裡的馬鈴薯

| 一直以來，我都覺得這個世界一定是有魔法的存在，否則一粒種子怎麼會成為一棵大樹？一片火焚之後的焦黑土地，怎能開出五彩繽紛的花朵？植物的世界真的是太不可思議了！

| 二十多年前，我還是一位幼教老師的時候，曾經設計了一個認識蔬菜的教案，那時候我的想法是，如果能讓小朋友來栽種蔬菜，看著它們一天天成長，比起只是看圖片來認識，會更有趣吧！而對於不喜歡吃蔬菜的孩子來說，自己栽培的蔬菜，反而會更想吃吃看。有了這樣的構想後，我讓這群大班的小朋友，每人先帶一種自己最喜歡的蔬菜來學校，那一天的課非常有趣，有人帶胡蘿蔔，有人帶馬鈴薯，最多人帶的是玉米，不過沒人帶苦瓜，苦味的蔬菜果然是不受歡迎。

| 那些蔬菜擺在教室裡，隔天葉菜類都萎黃乾癟只好丟棄，胡蘿蔔和馬鈴薯則繼續被放在窗邊的教具櫃上，一段時間後竟然都發芽了，於是我們在盛水盤下方鋪上衛生紙，加點水再把馬鈴薯放在上頭養著。那顆窗邊的馬鈴薯，葉子竟然越長越多，成了一叢小森林，隔壁班的老師看了嘖嘖稱奇，還帶了她們班的學生來看，連中小班的老師也來借盆栽，到教室讓小朋友觀察，我們的馬鈴薯盆栽變成校園裡的明星，從這間教室旅行到另一間教室。

| 即將畢業的前夕，一個學生驚呼：「老師，衛生紙底下有小馬鈴薯！」所有的小朋友立刻圍了過來，我將馬鈴薯拿起來一看，衛生紙底下果然有十幾個大大小小的馬鈴薯，有些不過一個豌豆般大小，這真是一件神奇的事情，馬鈴薯會生小小薯，這不是魔法是什麼？！

Spring 種植好蔬菜

1.
將馬鈴薯洗淨，放在水盤裡靜待發芽。

2.
春秋兩季馬鈴薯只要放在室溫的環境很快就會發芽。

3.
葉片長出後可將馬鈴薯整個用土覆蓋。

4.
使用木盆或塑膠盆等不透光的容器，底下新生的小馬鈴薯才不會變綠，也才能食用。

5.
約3個月之後，地面的葉子開始黃化，就是可以收成的時候。

Q｜馬鈴薯有一點點發芽的情形，是否還可食用呢？

A｜馬鈴薯只要變綠或發芽就有毒，不可以食用！除了當廚餘之外，也可以當成趣味盆栽，馬鈴薯的葉子也是不能食用的。

馬鈴薯口感咬朵軟嫩，油煎過後更顯得香氣四溢，令人垂涎。

私房食譜 |
可樂餅

材料 | 馬鈴薯 2 顆，冷凍三色豆，素火腿，胡椒少許，麵粉 1/2 杯
做法 |
1. 馬鈴薯蒸熟搗碎、素火腿切小丁。
2. 所有材料混合加入麵粉可讓餅不會鬆散。
3. 用手做成小圓餅狀，入鍋油煎成金黃即可。

Point

不以收成新生的小馬鈴薯為目的時，就不必使用土壤及花盆，光是用水盤在窗邊即能栽培當觀賞盆栽。只要保持水盤有 1 公分的水，底下也會長出小馬鈴薯，但是沒有覆蓋的馬鈴薯，會因接觸光線而變綠，變綠的馬鈴薯有毒，是不能食用的。

春

可食用的部位	**地下莖**
●上市季節	1～3月
●盆栽觀賞期	3～10月

慈菇

來把綠色涼傘

晚春的市場裡，有許多蔬菜可以挑選。

這時，

我都會挑選清爽的慈菇回家料理一番。

如果能夠運用家裡的陽台，

將慈菇變成小盆栽，

就能隨手摘下營養的食材，

變出美味的料理。

綠色涼傘

│夏日炎炎買菜一定得起得早，才能買到新鮮
甚至是新奇的蔬果，而盆栽植物每天也得起早
趕晚的澆水，才不至於乾渴萎靡。這季節特別
能感受水生植物的好，只要每隔幾天將水添
滿，就可以安心的離家幾天遊山玩水。

│今年春天在市場巧遇慈菇，興沖沖的買了兩
斤藏在冰箱裡，煮火鍋、燉排骨、紅燒肉、日
式清煮……。慈菇吃在嘴裡，起先有淡淡的苦
味，爾後就會回甘，是最吸引我的滋味。家人
不喜苦味的蔬菜，倒便宜了我，一個人獨享這
季節短，還得有幾分運氣才能嚐到的珍饈。

│除了用來做菜，也刻意留下了幾枚慈菇的
球莖，養在小碟子裡，天寒時慈菇長得很慢，
一個月才見著綠色的新芽。又過一個月，天氣
漸漸回暖，慈菇抽了箭葉，葉子越來越長，碟
子換成了水杯，最後又換成了大水砵。因空間
大又陸續加入了荸薺和發芽的地瓜，裡頭也養
了幾條孔雀魚共生。水生植物不僅可淨化養魚
時殘留的飼料，而魚的排泄又可成為植物的養
分，可謂一舉兩得。

│夏日的早晨，炙熱的陽光長驅直入，慈菇的
葉子像把涼傘般撐著，荸薺管狀的葉子朝天直
立，地瓜的葉子早爬出了砵鋪在桌面上，綠意
盎然。看書上說，慈菇適應能力強，可做水
邊、岸邊的綠化材料，也可做為盆栽觀賞，果
真不假。

1.
市場購買的慈菇保留梗頭，直接用水養著。

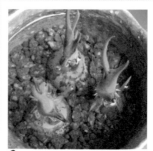

2. 梗頭很快就會變綠開始生長，保持水分適當即可。水太多慈菇的球莖會浮起來，東倒西歪反而不利於生長。

3.
慈菇的球莖也會增生側芽。

4. 使用深一點的容器，底下鋪一層麥飯石，讓根有地方可以固定，慈菇的根是由莖梗的地方長出來的。

5. 側芽的葉子非常小巧可愛，不過不像主幹的三角形葉片，此階段要移到窗邊接受多一點日照。

6.
隨著天氣越來越暖和，盆栽也越發茂密。

7.
成熟的植株葉片是三角形的。

Q＆A

Q｜一定要使用麥飯石來固定慈菇嗎？

A｜麥飯石具有重量，才能將植物固定，加上又能淨化水質，因此非常適合用於水栽。發泡煉石質地較輕會飄浮在水面，無法將植物固定。

多汁鮮甜的慈菇，用日式醬油
醃過後，鹹甜的滋味剛剛好。

私房食譜 |
清煮慈菇

材料 | 慈菇 6 顆，日式柴魚醬油 1 杯，水 2 杯，清酒 1 小匙
做法 |
1. 慈菇除去皮後，利用川燙去苦澀。
2. 將所有材料加入碗中，下鍋約煮 10 分鐘即可。

Point

慈菇性喜溫暖，生育適溫 18 ～ 22 度，球莖發育 13 ～ 15 度，若達 28 度以上續數週後就會開始凋萎。由於花
與莖葉具有觀賞價值，因此花市也有慈菇販售，只不過這些是屬於觀賞用的園藝品種，不能食用。食用的慈
菇也會開花，但必須移到戶外陽光充足的地方，同時也須要有像睡蓮盆栽那樣的生長環境才行。

Part 2 Summer

夏天的
蔬菜

清明節一過，

來到穀雨的節氣時，

我就知道離夏天的季節不遠了。

夏天到了，

日光時間長，

最適合到處走走，

不論是海邊或是山上，

都是旅行的好選擇。

Summer

夏天炙熱的太陽總是令人難耐，
偏偏有些蔬果最喜歡這個季節生長了！
像是鬆軟的芋頭、
嫩綠的葛鬱金、
地底下的花生，
以及料理時不可或缺的薑，
都是這個季節的代表性蔬果。

可食用的部位	地下莖
● 上市季節	全年
● 盆栽觀賞期	2～12 月

夏

芋頭

鬆軟的小芋頭真好吃

芋頭鬆鬆軟軟的，

相當好吃，

只要簡單的稍微蒸熟，

加入一點糖，

就是家人喜歡的芋泥甜點，

不管是煮成甜湯或燉芋頭排骨湯，

家人一下子就可以喝光光。

安靜的賣菜小販

｜下山買菜時豆腐是必買的食材，尤其吃慣了楊梅市場的這家豆腐，再吃別家的總覺得就是不合胃口。豆腐攤隔壁固定有個小小的攤位，只在地上鋪了塊塑膠布，說是賣菜也不像，塑膠布上總是只少少的兩、三樣菜，南瓜、芋頭、胡蘿蔔，以及一些乾燥藥草的根莖，有幾樣食材我能認得，像是雷公根、狗尾草等。賣菜的婦人長得結實瘦小，一對深邃的眼睛炯炯有神，有時我也會買她的南瓜和芋頭，至於那些歪七扭八的胡蘿蔔，很難獲得我的青睞，因為我還是喜歡自己種的胡蘿蔔！

｜看這些蔬菜的種類與模樣，我猜想她的土地應該是屬於乾旱貧瘠的，肥料缺乏的紅土，而且在種植前或許連整地也沒有，這樣的農人大概也不會灑上農藥。南瓜和芋頭或許可以半野生栽培，但是種胡蘿蔔如果不整地剔除石頭，在生長過程中根部碰到石頭或硬土塊的阻礙，就會分叉或變形。

｜買了幾年的豆腐，也觀察了幾年這位婦人，總是安安靜靜的，很少和旁邊的菜販交談，不同於豆腐攤的老闆娘，經常會推出些可口小菜，逢人便推銷，熱心的傳授各種素食的料理，並與老顧客閒話家常，攤上總是一陣熱鬧。

｜有時候買了豆腐，剛好見著大小不一的芋頭我也會買上幾個，把豆腐、芋頭、香菇切丁一起炸，加點絞肉去紅燒，極為鹹香下飯，只要隨意燙個青菜，飯後再來點冰糖芋泥球，這也算是簡樸生活中的奢華料理吧！

Summer 種植好蔬菜

1. 市場購買的小芋頭可以直接用一點水養著。

2. 天氣溫暖的時候，新葉很快就可以長出來。

3. 在水盤中加入麥飯石或發泡煉石，蓋住芋頭的表面，看起來較美觀。

4. 芋頭很耐濕，保持底部有水的狀態即可。

5. 老化的黃葉要連梗整個拔乾淨，才能維持盆栽的美觀。

6. 茂盛的芋頭盆栽，就是很美的觀葉植物。

Q ｜市場買回來的芋頭發芽後都可以拿來栽種嗎？

A ｜不一定，因為有些賣場的芋頭儲存太久，用來栽種可能會發生還沒發芽就爛掉的情形。用來栽種芋頭盆栽的芋頭必須很新鮮，最好是當地小農栽種的，個頭小一點的，種起來的盆栽才會可愛。

酸酸甜甜的芋泥果子，帶點薄荷的清香，味道恰如其分。

私房食譜│
芋泥果子

材料│芋頭 1 顆，冰糖 1 杯，奇異果 1 個，小番茄 2 ～ 3 個，薄荷葉少許
做法│
1. 芋頭洗淨去皮，切小塊後蒸熟；奇異果去皮、切片；小番茄洗淨、切片。
2. 芋頭趁熱加入砂糖混勻，搗成泥後放冷卻。
3. 做成球狀放入碗中，即可裝飾上洗淨的薄荷葉和奇異果、番茄片。

Point

如果買不到小芋頭，也可以使用大芋頭來種，要購買新鮮又結實的芋頭可將外皮刷洗乾淨，底部約 1 公分浸泡在水盤中。天氣暖和時約 2 ～ 3 星期就會發芽，此時可慢慢將水位加高一些，芋頭可耐濕也可耐旱，不過缺水時葉子會枯萎，無法恢復原狀。此時就必須將葉子剪除，等待新葉長出，因此要注意不要讓水盤中的水乾涸。

可食用的部位│**地下莖**
● 上市季節│**12～3月**
● 盆栽觀賞期│**4～11月**

葛鬱金

綠油油的葉子好漂亮

常常想，
如果家裡能夠運用小盆栽種植葛鬱金，
不僅可以省去上市場買菜的時間，
也能夠隨時取得營養又美味的葛鬱金，
真是不錯的幸福生活提案。

小鎮生活

｜小鎮由於農地多，因此有許多小型的家庭菜園，自家吃不完的蔬果，就會挑擔到市場販賣。阿婆們三三兩兩地聚在一起，邊賣菜、邊聊天，挺快樂的！對於當地生產的蔬菜水果情有獨鍾的我，一星期去一趟菜市場，並不單單只為了採買。在市場買菜能讓自己更融入當地的生活。相對地，如果隱居在山上，則和居住的小鎮永遠疏離。若能在市場發現一些沒吃過的新奇蔬菜，更是一件快樂的事。

｜葛鬱金又稱「竹芋」或「粉薯」，一般多在秋末開始上市，葉子長得像薑，地下莖像竹子般成節狀。幾年前我曾買過這種白胖肥大的根節，吃起來有點像馬鈴薯，但纖維過多，吃完還得吐渣渣，並不受家人青睞。而成熟的竹芋澱粉質很多，煮湯時會讓湯汁有點黏稠感，也因此有人會將其磨出汁液後，取其沉澱在底下的澱粉當成太白粉使用。

｜由於竹芋屬寒涼的蔬菜，並不適合寒性體質的人，但偶爾吃一下無妨！按照中醫的說法，秋天時，大部分的人的身體會自然產生火氣，而體質敏感的人也容易口乾舌燥，所以有秋燥的說法。此時盛產的大白菜、蘿蔔等，是當季最好的養生食材。只是連續吃了一星期的大白菜、蘿蔔糕之後，我也思考著是否該也該換換口味，正想買些竹芋、玉米、和雞胸來做湯。

｜有一回上節目時、主持人問：「為什麼是用雞胸熬湯而不是雞腿？」

｜雞胸、雞腿營養是一樣的，但價格卻差一半。挑剔的我喜歡吃好東西，但好東西並不等於是昂貴東西。買了一大袋的蔬果後，來到賣玉米的攤位，皮包竟然已經空空，東翻西找只剩下幾個銅板，湊一湊剛好十元，我對著賣菜的婆婆說：「只剩十元，能買一根玉米吧？」，婆婆笑呵呵的說。「五元也可以買，我折一半賣妳。」

｜這就是傳統市場！除了新鮮便宜之外，形形色色的人們總是為我的生活帶來許多趣味。

1.
將葛鬱金的外膜剝除清洗乾淨，放在鋪有發泡煉石的水裡或直接在盤裡加一點水。

2.
保持濕潤，葛鬱金就會像薑一樣長出綠色的芽，此時即可栽種。

3.
綠芽長出後根部會開始生長，此時可移到土壤中栽種。

4.
新葉自土壤中竄出來。

5.
葉片油綠非常美麗，夏天生長快速，戶外栽培時可給予施肥，讓地下莖長得壯碩。

6.
冬天天氣寒冷葉片黃化枯萎。

7.
此時可挖起採收底下的葛鬱金再將植株種回去。

Q | 那裡可以買到葛鬱金？

A | 秋冬期間在傳統市場，或是登山步道口的市集，很容易就可以看到，只是需要花點時間慢慢找。葛鬱金目前並沒有大規模栽種，主要由當地農家少量栽培，產量少比較不易發現。多年生的葛鬱金只要栽種過一次，往後年年都會增生。

葛鬱金滑嫩的口感，與Q彈的
蝦仁形成絕佳的搭配。

私房食譜 |
葛鬱金蝦仁羹

材料 | 葛鬱金，蝦仁，胡蘿蔔，木耳各適量
做法 |
1. 將葛鬱金外層的薄膜剝除洗淨，不需削皮。
2. 將所有的材料切細絲，並加入適量的水煮軟，葛鬱金的澱粉會讓湯變得濃稠。
3. 放入蝦仁煮熟後，再用一點鹽和香油進行調味。
4. 食用前灑上香菜和少許醋即可完成。

 Point

一年四季都可以採收葛鬱金，可像薑一樣存放於乾燥陰涼處保存。主要上市的季節是在冬季，春天時，將
葛鬱金埋在土中即可生長。喜歡溫暖潮濕的環境，全日照或半日照均可，夏季生長快速，可以適當施肥。
葉片油亮有光澤，是非常美麗的觀葉植物。北部天氣寒冷，葛鬱金在冬天會有休眠現象，需停止澆水，若
需要分株或採收地下莖可於此時進行。

夏

可食用的部位│種子
● 上市季節│一年四季均有乾燥品
● 盆栽觀賞期│3～7月、9～1月

花生

累累果實等你摘

花生是朋友聚會下酒的美味小菜，
亦是擁有豐富營養素的健康食材。
通常我會把剩下的花生栽種成盆栽，
慢慢等待與享受自己所種植出的美味食材。

Summer 種植好蔬菜

1.
當季採收的帶殼新花生才能用來栽種，可在有機市集或市場販售種子菜苗的攤位購得。

2.
將花生去殼後泡水一夜，隔天將水倒掉。

3.
每日用清水沖洗 2～3 次後，將水濾掉加蓋，保持種子表面濕潤，約 1～2 天就會發芽。

4.
發芽之後可以直接播於泥炭苔上，每天噴霧保持種子表面的濕潤。

5.
根部深入土壤之後，即可不必再加蓋，新葉很快就會張開來。

6.
滿滿一盆綠色的花生盆栽，雖然不能食用，但卻是很可愛的觀賞盆栽。

7.
長得太高時，可將中間的主幹剪除。花生會從底部再度萌芽，盆栽也會更茂盛。

Q&A

Q｜在有機商店常可見到盒裝的花生芽，是如何栽種出來的呢？

A｜花生芽的栽培就像綠豆芽般，只要澆水不要見光，約 5～7 天即可收成。但必須在種苗行購買，當季帶殼的播種用花生才會發芽，所以是有季節性的。花生芽的栽培主要在春、夏兩季，市面上販賣的去殼乾燥花生，發芽率很差，只適合食用，不能栽培花生芽。

花生和毛豆都是很常見的
小菜，夏天時配上一杯冰
涼啤酒，最是生活好滋
味。

私房食譜│
涼拌花生

材料│花生、胡蘿蔔、毛豆、香油、鹽各適量
做法
1. 花生泡水一夜後洗淨、備用。
2. 胡蘿蔔洗淨，去皮後切小丁。
3. 水煮沸後放入花生、胡蘿蔔丁煮十分鐘至軟，取出放涼。
4. 毛豆燙熟冷卻，所有材料拌勻即可。

Point

花生對於光線非常敏感，夜晚時會將葉子合起來，白天再度張開。栽培在室內時只要保持土壤的濕潤即可，大約 1～2 天澆水一次，不需要施肥。由於受限陽光與土壤，所以只能做為觀賞盆栽，希望能看到花生開花或收成花生，就要使用大一點的花盆，以 1～2 株為限，同時必須栽培在戶外陽光充足的地方，像栽培蔬菜盆栽般給予肥料，約三個月即能開花結實。

種花生

｜梅雨季帶來高溫潮濕，又極不穩定的天氣，幾場豪大雨之後損失了幾盆香草植物。

｜三月的時候，在市場的菜種店，買了播種用的帶殼花生。由於花生喜歡肥沃的砂質壤土，山上的紅色黏土，並不是理想的栽種土質。我買播種用的花生，因為這是會發芽的種子，保證是新鮮天然的好食材，所以我打算用孵芽菜的方法來孵花生芽。

｜花生去了殼後，選擇飽滿肥碩的留下來栽種，那些看起來瘦小乾癟，或形狀怪異的，就丟棄在大花盆裡做肥料。

｜大花盆的一角有著春天做菜剩下的草石蠶不良品，自顧自的發了芽、長了葉，也沒理它就只是放任生長，光是靠地下塊根所儲存養分，草石蠶倒也生長良好。草叢間另有一株瘦小的花生苗，撐著幾片綠葉，這應該是春天被遺棄的花生。

｜初夏的草蠶盆栽，開出了一串串粉紫的花穗，煞是好看！也因為沒有肥料，加上被擠在中間，這株花生苗長得並不好，也沒見過開花。草石蠶開完花之後日漸枯黃，原本被夾在中間的花生苗撐起了一片綠，枯萎後的草石蠶正是採收地下塊根的時機，於是我將盆土悉數倒出，底下果然有許多白胖的小蠶，以及幾枚壯碩的花生，真是個驚喜的禮物。剛從土裡翻出來的花生，滋味鮮美無比。將取下的花生連殼洗淨之後，即可以馬上剝開品嚐，鮮嫩多汁的生花生，在小時候嘗過一次，那是屬於我記憶中的童年鄉土美味。

｜那一年父親在倉庫邊的空地，翻了一排土畦種了花生，花生的黃色小花，是怎麼跑進土裡的，我並不知道。只記得收成的時候，父親鋤起花生植株，而我負責用手扒開土壤，尋找殘留在土裡的花生，邊挖邊吃不亦樂乎！父親還提醒我別吃太多，免得消化不良。

｜第一次種花生的經驗，雖然只是個意外，反倒給了我信心，花生一年可栽種兩次，五月播種八月收成，九月播二月收，不過山上的冬天雨多陽光少，真要種花生還是得選擇春播，來年我非得種個幾盆花生不可！

夏

可食用的部位｜**地下莖、嫩芽**
● 上市季節｜**全年**
● 盆栽觀賞期｜**4～11 月（冬季休眠）**

薑

薑 是 老 的 辣

冬天的腳步近了，
一杯暖暖的薑母茶或一道薑料理，
就能袪除沁涼的寒意。
於是，
只要一到秋冬，
我會隨手摘取窗台上成熟的薑，
為遠道而來的朋友烹煮一道暖心的料理。

1.
春秋兩季廚房裡的老薑很容易長出新芽，新芽鮮嫩亦可食用。

2.
直接將一整塊的薑，橫放在泥炭苔上，保持表面濕潤。

3.
新芽便會陸續長出。

4.
越來越長的綠芽，此時可以用泥炭苔將其完全覆蓋，以後可收嫩薑。

5.
室內栽培時盡量靠近窗邊接受光線，夏天水分蒸發的很快要多給點水。

6.
採用陽台或戶外栽培時，可適時施點肥，底下的薑也會長的更好。

Q ｜薑發芽後還可以食用嗎？

A ｜可以的。薑的嫩芽就像嫩薑，涼拌非常美味，薑全株都可以食用，在東南亞也會使用葉子來燉煮肉類。

老薑之外，再加上肉桂、荳蔻提味，
就能調配出一杯香醇的香料奶茶。

私房食譜
香料奶茶

材料｜A 老薑 1 大塊，肉桂棒 1 支，荳蔻 1/4 小匙，胡椒粒 1/2 小匙，丁香 1/4 小匙
　　　B 立頓紅茶 4 小包，奶精粉 1 大匙，糖適量

做法｜
1. 先將 A 料煮沸後轉小火煮 3 分鐘熄火。
2. 放入紅茶包浸泡 3 分鐘後將所有材料濾出。
3. 加入奶精粉與糖即可飲用。

Point

雖然春、秋兩季廚房裡的老薑都會發芽，但最適合的栽種季節是春天，室內栽培時，盡量靠近窗邊接受光線，

使用底下鋪麥飯石的水耕方式，完全不必用土。而陽台或戶外栽培時，用花盆裝土壤來種，並適時施點肥，

底下的薑才會長得好，平常可以收成嫩薑，或等冬天葉子枯萎時採收老薑。

香料的世界

｜最近沉迷於香料的世界，喜歡那些重口味的奶茶和咖啡，像是在奶茶裡加了大量的生薑和胡椒，在咖啡上頭灑滿了肉荳蔻。

｜寒冷的早晨，除了一片生薑，我還會在卡布其諾咖啡上頭磨些許肉荳蔻，坐在窗邊，一個人慢慢啜飲著，一邊想像這些香料群島的溫暖氣候。屋外除了雨還是雨，院子一片濕漙，大花石榴原本茂密的綠葉全掉了一地，僅剩光禿禿的枝幹！九層塔的葉子則因寒冷而受傷腐爛，酸雨在地瓜葉的葉片上，溶出一個個的褐色小點。濕氣太重讓人全身不適，我的寫作幾乎停擺，像一灘爛泥，僅存倚賴在窗邊胡思亂想的力氣，思慕夏天的心情油然而生。

｜這幾顆肉荳蔻的果實，是許多年前，燕珍去峇里島時買回來送給我的禮物，裡頭除了肉荳蔻，尚有胡椒粒和丁香，一起裝在一個漂亮的布盒子裡。胡椒粒和丁香因為常用來作菜，所以很快就用完了，倒是肉荳蔻不是慣用的香料，僅添加於少數幾種糕點中，加上這幾年已鮮少自製糕餅，放在小玻璃罐的肉荳蔻，就這樣一直被保存在冰箱裡。

｜又濕又冷的冬春季節裡，除非必要，大家都會盡量減少外出的次數，媽媽們的聚會也會跟著減少，這也算半冬眠吧！

｜雖說少有人來探訪，可以潛心寫作，但有時也會感到無聊。正好 Lisa 來訪，我為她煮了杯肉荳蔻的咖啡，一邊說起這段往事，只見 Lisa 驚訝的說：「燕珍去峇里島已經是十年前的事情了！」

｜「十年前？已經過了十年了……」自己也感到不可思議！不過，可以確定的是這些肉荳蔻不但保存完好，而且還很香，也許還可以用到下一個十年也不一定。雖然購買已經磨成粉的肉荳蔻很方便，但是對於擅用香料的高手來說，現磨的鮮品才算得上香料。

夏

可食用的部位 | **嫩莖葉**
● 上市季節 | **全年，春季尤佳**
● 盆栽觀賞期 | **4～11月**

白花馬齒莧

用 盆 栽 做 園 藝

成熟的馬齒莧會開出漂亮的白色小花，
中間的黃色花蕊更點綴出馬齒莧的優雅。
而葉子形狀特殊、小巧可愛，
適合放置在陽台或庭院，
作為園藝裝飾。

花兒菜

｜認識白花馬齒莧源自於多年前，探訪在家修行的友人時，院子的走道兩旁，整齊的種上一排肥厚嫩綠的馬齒莧，有些頂端還開著半透明的小白花，極為美麗。言談之下，竟是拿來做為食用的蔬菜，早聽過野生的黃花馬齒莧可以食用，但這白花怎麼看都像園藝花種。離開時，拿了幾根枝條回家栽種，小枝椏長的飛快，不多久即長成了一大叢。

｜夏天的院子裡，盆栽植物綠意盎然，有時都捨不得吃，更何況這美麗的花兒菜！尤其開花中的馬齒莧，養分全給了花朵，葉子會變小變黃，不若先前肥美。但馬齒莧花期長、耐乾旱，不必刻意給水就可以一直開到秋天，我的野菜純粹是用來賞花的！

｜野生的馬齒莧多為一年生，留下種子後，冬天就消失無蹤。園藝種的馬齒莧小心防寒，倒是能年復一年。只是山城的冬天出了名的濕冷，許多喜歡炎熱的植物有時熬不過冬春，山上的春天又總是姍姍來遲，馬齒莧早失了蹤影。直到前些日子在菜市場，遇到賣著白花馬齒莧的小販，於是又興起種一盆白花馬齒莧的念頭。

｜人的慾望就是這樣吧！當我們心中開始發想一件事，就會時刻注意著，果然在路邊的小菜圃，見著被丟棄於一角的成堆馬齒莧，折了幾枝回家插了一盆。在葉片最肥美的時候，採了一些添加於沙拉中，細嫩又多汁，也沒有想像中的酸澀口感，是非常美味的清爽蔬菜。

1.

將莖斜插在土壤中保持濕潤，約 3〜5 天即可長根。

2.

陽光充足時，葉片厚實肥大。

3.

非常適合使用吊盆來栽培。

4.

美麗的白花朝開暮謝，是非常美麗的植物。

5.

路旁隨處可見野生的黃花馬齒莧，葉片顏色深而酸味也較重。

Q｜除了白花馬齒莧，在野外常見野生的馬齒莧也都可以食用嗎？

A｜可以的。野生的馬齒莧紅梗黃花，是早期的民間野菜，營養豐富，唯獨以現代人的口味來說，酸澀了些，路邊採集野菜要注意是否有除草劑污染的問題，以免對健康造成危害。

清爽的馬齒莧，加上多汁
的石蓮花，再淋上些許的
沙拉醬，美味剛剛好。

私房食譜｜
馬齒莧沙拉

材料｜馬齒莧，石蓮花，沙拉醬
做法｜
1. 將白花馬齒莧、石蓮花洗淨。
2. 淋上和風醬汁或沙拉醬食用。

Point

白花馬齒莧除了食用，也可以當做花卉來栽培，不過陽光必須非常充足花才能開得好。馬齒莧很需要日照，

即使不為開花，也要栽培在戶外或陽台。雖然耐旱但水分不足時，口感會較酸澀，以食用為目的時，在花苞

形成時就要剪下來，一旦開花枝條老化，口感也會變差。

夏

可食用的部位｜**葉片、嫩莖**
● 上市季節｜**全年**
● 盆栽觀賞期｜**全年**

地瓜葉

茂 盛 的 綠 色 森 林

地瓜葉是台灣家家戶戶經常的料理菜之一，

川燙、油炒兩相宜。

在我們家，

幾乎每週都會有道屬於地瓜葉的料理。

因為我相信，

平凡的食材，

也能創造出不凡的料理。

養生新法

｜過去這一陣子來，我的飲食可說是極為單調，因為我的胃又開始隱隱作痛，所以胃口特別差，便想起了前些日子看了池波正太郎的書《食桌情景》。這是一本關於家庭飲食的書，其中有一句話特別讓我會心一笑：「由於我的工作是在家寫小說，所以如果當天妻子所料理出來的飲食不美味，會讓我一整天的心情大受影響，連帶的也會影響寫作的進度。」

｜回顧這兩個星期的飲食，怎麼看都很像減肥餐，我發現吃的最多的是地瓜葉和醋黃瓜，其次是莧菜、綠豆芽，因為這是目前園子裡栽培最多的菜種。尤其是地瓜葉，生長快速可以重複採收，幾乎三餐少不了。對於許多人來說，地瓜葉是非常好的蔬菜，大火快炒或是滾水燙一下，淋上芝麻油和油膏就很美味了，有時我也會在上頭灑一些烤過的小魚乾和磨碎的白芝麻。

｜研究顯示地瓜葉的多酚含量是蔬菜裡的冠軍，每天吃兩百公克紅地瓜葉的人，兩個星期後體內的抗氧化力提升一成，不但可以延緩老化，還可以提高免疫力，因此地瓜葉又有「青春不老藥」的美稱，多吃一些準沒錯！

｜前些日子朋友說料理一日三餐是她最大的煩惱，我說：「怎麼會呢？」於是要求我，在暑假的這段期間每一天都要在部落格上公布我吃了什麼，給她當料理的參考。不知道當她看到我的三餐，會做何感想？大概會有「Flora 吃得可真差」的想法吧！有一次我半開玩笑的告訴這些朋友們，我的養生新法：起得比雞早、吃得比豬差、跑得比馬急、做得比牛累。

｜你們相信嗎……？

1.
市場購買帶有梗子的地瓜葉才
能用來插枝繁殖。

2.
將葉片全部剪成一半以減少水
分蒸發。

3.
將枝條插在水中等待長根。

4.
約3～5天根部生長後即可移
至陽台的花盆中，栽種完後務
必充分澆水。

5.
每日澆水讓土壤保持濕潤，地
瓜葉就會開始生長此時可給予
施肥。

6.
盆栽茂盛時保留4～6枚葉子，
從上方連莖一起修剪下來食
用。

Q ｜ **地瓜葉的葉子越長越小，是缺少肥料嗎？**

A ｜是的。一般地瓜葉收成兩次之後就可給予肥料，才能源源不絕的生長，施過肥之後要至少經過一週，肥料

才能代謝轉換，才能採收。

將丁香魚、芝麻撒在煮熟的地瓜葉上，可以提點香味，亦使口感豐富多變。

私房食譜｜
丁香地瓜葉

材料｜地瓜葉、油漬丁香魚、醬油膏、白芝麻少許
做法｜
1. 地瓜葉洗淨燙熟。
2. 淋上醬油膏，放上油漬丁香魚再灑上白芝麻即可。

Point

在氣候溫暖的南部全年都可以栽種採收，北部因冬天天氣較冷，生長期還是以 3 ～ 12 月為主，地瓜葉是非常適合陽台栽種的蔬菜之一，但還是要盡可能接觸陽光，才能長的好。此外收成 1 ～ 2 次之後，也要給予施肥，夏天生長快速，每天都要給予澆水，保持土壤濕潤地瓜葉也會較可口。

Part 3 Autumn

秋天的
蔬菜

Autumn

浪漫的秋天，

最適合停下繁忙的腳步。

午後，

給自己一個偷懶的理由，

到外面一個人散步，

吹吹剛開始轉涼的風。

三芝的筊白筍正當季、

吃起來綿密十足的山藥、

台南的菱角、

鮮紅的柿子、

香氣濃郁的文旦、

農夫剛採下的皇帝豆、

大白菜、蓮藕和芋頭、

紅鳳菜、金針花、辣椒、南瓜和薑，

都是這個季節最好的蔬果。

可食用的部位｜**葉片、嫩花芽**
- 上市季節｜ 10～5 月
- 盆栽觀賞期｜ 12～5 月

大白菜

會 開 出 美 麗 的 花 朵

因為平常我們家的人口少，

買回來的大白菜經常吃不完，

把葉子一片片剝下來用日本昆布醬油細細浸泡入味，

加了柴魚醬油會更鮮美，

剩下的白菜心就拿來種成可愛的黃色小花。

美麗的窗邊風景

｜秋天一連下了幾場大雨，台灣南部的蔬菜產區受創嚴重，入冬之後原本該是價廉物美的大白菜、高麗菜、蘿蔔，到了一月份卻依然居高不下，原本以顆來計算的冬天蔬菜，全都要論斤秤兩，市場裡主婦們喊貴的聲音此起彼落，連賣菜的攤販也大嘆生意難做！

｜蔬菜價格高漲的時候，有些人就主張大家要少吃一點，或是用冷凍蔬菜來代替新鮮食材，但我們真的要因為這樣就少吃一點蔬菜嗎？

｜其實這麼做是沒有必要的，這時候應該做的是減少零食、甜點等額外支出，把錢用在購買維護健康蔬果上，每日五蔬果還是得均衡攝取。

｜一年四季都生產大量蔬果的台灣，多半的時間蔬果價格都算便宜，唯有遇到天災才會漲價，但漲價的期間也有限，氣候溫暖的南部蔬菜成長很快，不用多久又會大量上市。我都是趁著白菜或蘿蔔、高麗菜等，價格低廉的時候買來做成泡菜，加入鹽抓醃、倒去滷水，拌上一些辣椒、醋調味，不但蔬菜品質好、成本也低。冬天飲食多半肥厚油膩，加以年節期間豐盛的飲食，搭配些泡菜吃正好可以均衡一下。

｜家裡的小菜圃我也種了少許的大白菜，十字花科的蔬菜一向都是蟲的最愛，因此外面幾層的綠葉雖然營養，但是市售白菜除了農藥問題之外，外層的纖維也粗糙，並不如裡頭的黃白色心葉好吃，一般多會被丟棄不用。

｜這次我將大白菜的葉片一片片取下，留下最裡頭的幾片心葉，放在淺水盤裡用少許的清水養著，葉片就會慢慢變綠，擺著欣賞一段時間也非常美麗，當然還可以採來下鍋煮，綠葉雖不如黃葉細嫩，但葉綠素更多。

｜春天的大白菜裡頭多半帶著花苞，除了綠葉，美麗又可愛的黃色小花，可以在窗台上開上個把個月，也是早春美麗的窗邊風景。

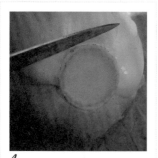

1.
沿著大白菜梗頭的部位切幾刀。

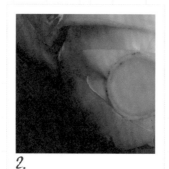

2.
將葉片一片片取下，葉片可以拿來做菜。

3.
殘留的葉柄用刀將周圍削乾淨。

4. 放置兩天讓葉子有點軟塌，即可將葉片輕易翻開，而太長的梗頭可切掉一些，栽種時才不易傾倒。

5.
置於淺盤中，保持1公分的水份，葉片會漸漸變綠並抽出花梗。

6.
置於窗邊花會開得又多又美。

7.
大白菜會開出美麗的黃色小花。

Q&A

Q｜水栽的大白菜心，需要像鮮花一樣天天換水嗎？

A｜要不要天天換水是看氣溫而定，一般冬天天氣寒冷，可以每3天更換一次，或視水的清澈度來決定。如果水很清澈，那就只要添加水即可，水插的大白菜葉片會一直持續生長，因此消耗水份的速度也快，但是到了春天天氣會忽冷忽熱，這時候的溫度也較高，就要天天換水，三月以後就不適合水栽大白菜了。

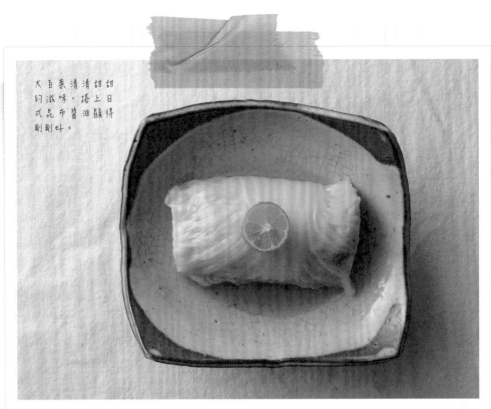

大白菜清清甜甜
的滋味，搭上日
式昆布醬油顯得
剛剛好。

私房食譜｜
白菜昆布煮

材料｜大白菜數片，柴魚、昆布醬油適量
做法｜
1. 昆布醬油依個人喜好鹹度加水稀釋，煮沸後放入柴魚片，熄火冷卻後濾出。
2. 大白菜中的白色厚梗與葉片分開洗淨，放入滾水燙熟、撈起，放入昆布醬油中醃10分鐘。
3. 大白菜放在壽司竹捲上，層層疊疊起，捲成蔬菜捲後稍擠除水份，切段即可。
4. 醬油可以淋在白菜上一起食用。

Point

秋天剛上市的大白菜，裡頭尚未有花苞，此時期栽種的心芽只會長葉子，並且變綠而已。要等到越接近過年
期間買的大白菜，裡頭才有花苞，也才能開出美麗的花。在冬春季節天氣寒冷因此盆栽的觀賞長達一個多月，
只要保持水不渾濁別讓水份乾涸即可，梗頭顏色會越來越深，直到變黑就差不多要開始腐敗，此時就要丟棄
更新。

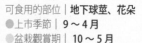

可食用的部位｜地下球莖、花朵
●上市季節｜9～4月
●盆栽觀賞期｜10～5月

百合

原本就是潔白無瑕

百合煮成甜湯或是拌炒成菜都很好吃，
把外層剝下來，
中心的部分口感不佳就留著種植，
剛冒出芽的球莖相當美麗，
每位來家裡的客人都會大大讚賞。

秋天蔬果的收穫豐饒

｜季節入秋之後日夜溫差加大，天氣起伏不定，白晝豔陽高照，入夜寒氣逼人，山上的櫻花早已落葉，季風也開始使勁地吹。

｜感冒拖了三個星期元氣大傷，原本要痊癒了，上了一趟台北，空調的室內與戶外的炎熱進進出出，幾番折騰……感冒的尾巴又賞了我一記！只不過這一次的症狀較輕，只是一個月有三個星期在感冒，似乎也該為自己的健康負責。一個多月來，沒有買菜也沒有好好做飯，仰賴外食或是亂吃的結果，就是營養不均抵抗力衰弱，家庭主婦一旦生病，家人其實是沒有辦法照顧我們的。叫他們做飯？還是仰賴他們買菜？幾乎都是不可能的事，他們只會去買便當、叫外食，或者乾脆吃麥當勞。

｜有時候買上一大籃的蔬菜，並沒有先想好要做什麼菜。總之，都是以當季和新鮮為考量，此外也買些豬肉、排骨，以及幾種水果。偶爾遇到賣野薑花的，也會買上一大把，做為心靈的糧食，當然還有準備播種的秋冬蔬菜種子，以及高麗菜、芹菜、萵苣等菜苗，雖說是買菜，其實內容常是五花八門，什麼都買。

｜提著沉甸甸的食材與大包小包興沖沖的回家，顧不得手痛以及昨天編輯的叮嚀：「老師，下星期要交作者序哦！」一個上午在廚房洗洗切切，這看似沒有經濟效益的工作，卻能讓心情感到平靜又踏實，也因此我一直都非常享受著家庭主婦的生活，洗洗切切、簡單飲食、早早就寢，每天在廚房與花園中摸索，既不胸懷大志也不計劃未來。

｜中年的人生越發能體會，沒有什麼好計劃的，想做什麼就去做，過自己喜歡的生活遠比什麼都重要。

1.
挑選百合球莖時越大越好，外觀爽淨潔白沒有蟲蛀。

2.
剝下外層的鱗片，越靠近中心口感會比較差，可留下來栽種。

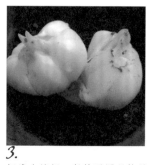

3.
埋進土壤裡，保持濕潤很快就會萌芽生長，剛冒芽的球莖非常美麗，很值得觀賞。

4.
冒出土表後要盡可能多一點的日照，隔年才有可能開花。

5.
葉片張開之後補充一些有機肥幫助生長。

6.
使用完整的百合球莖栽種，隔年就會開花，底下也會長出新的球莖。

Q&A

Q｜百合盆栽越來越高該怎麼辦？可以將莖剪短嗎？

A｜栽種在室內的百合，會隨著時間越長越高，不過日照不足的室內空間，百合是難以開花的。但是如果將莖剪短又不美觀，所以不妨將百合移到戶外或陽台，當成多年生的植物來栽種，春天就可以欣賞到美麗的花朵。

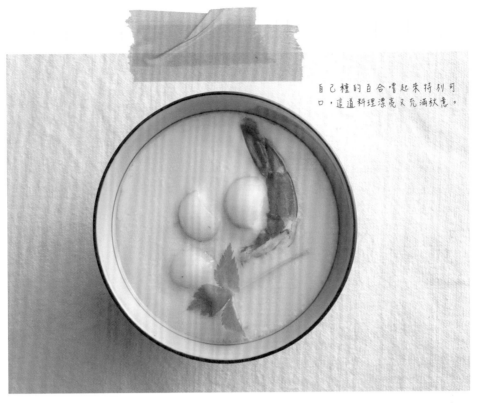

自己種的百合嚐起來特別可口，這道料理漂亮又充滿秋意。

私房食譜｜
百合蝦仁茶碗蒸

材料｜百合 1 顆，雞蛋 3 顆，雞高湯罐頭 1 罐
做法｜
1. 百合一片片剝下，與蝦仁均洗淨，蝦仁挑去腸泥，備用。
2. 雞蛋打入碗中攪散，加入高湯攪拌均勻。
3. 茶碗中放入 2 ～ 3 片百合、蝦仁倒入蛋液中混勻。
4. 電鍋外鍋用一杯水，放入蛋液蒸熟即可。

Point

市場上的食用百合球莖，一般來說都是進口的，主要在秋末上市。可以用做菜剩餘的百合球莖來栽種，雖然也會生長，但隔年春天只會長葉子而不會開花。夏末球莖休眠之後，盆栽不要澆水，等到百合再次萌芽才可澆水及施肥。栽種兩年的球莖，只要日照充足就可年年開花，想採收球莖食用，可在地面完全枯萎的休眠期間進行。

如果不以栽培到開花為目的，只想在屋內增添綠意，可將剩餘的球莖露出土壤外面，裸露的土壤鋪上發泡煉石看起來會更美觀，不過百合盆栽在屋內的觀賞期過了之後會越來越瘦弱，要更換新球莖。

可食用的部位｜**嫩梢、果實**
● 上市季節｜5～12 月
● 盆栽觀賞期｜9～5 月

秋

隼人瓜

蜿 蜒 的 小 綠 芽

我享受著在山城中栽種植物的樂趣，
更喜歡等待植物蔬果成熟後，
將之摘下。
尤其是，看到自己栽種的隼人瓜，
外形飽滿、水分充足時，
心中的快樂溢於言表。

Autumn 種植好蔬菜

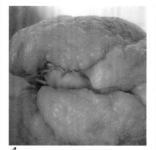

1.
隼人瓜的底部如果有裂口，就表示瓜已老化。

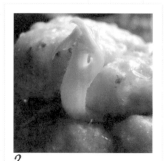

2.
室溫放置時，小芽會由裂口慢慢長出來。

3.
做為戶外棚架蔬菜栽培時，等新芽逐漸茁壯，即可移到地面或花盆栽種。

4.
做為室內觀賞盆栽時，可在容器底下鋪一半泥炭苔，再將隼人瓜放上。

5.
使用栽培蘭花的水苔，將瓜的四周鋪滿，瓜要露出來才好看。

6.
綠葉會不停生長，室內栽培不需要肥料，觀賞期間要澆水保持濕潤，但盆栽不可積水。

7.
隼人瓜的藤蔓有捲鬚會攀爬纏繞，像一圈圈的彈簧，非常可愛。

Q&A

Q｜隼人瓜的盆栽新芽越來越長，是否可以修剪？

A｜新芽除了可以修剪下來食用，也可以用繩子牽引提供攀爬，或者移到陽台換個大盆子栽種，日照和肥料充足的環境之下，隼人瓜很快就會結果。

炒熟後的隼人瓜鮮甜美味，入口即化，非常下飯。

私房食譜｜
薄片炒瓜

材料｜隼人瓜、紅蘿蔔各 1 條，豬肉薄片 100 公克，辣椒、蒜、醬油、黑醋、糖各少許

做法｜
1 隼人瓜、紅蘿蔔如果很嫩可以不去皮，直接切薄片即可。
2 將蒜末爆香，加入豬肉薄片、辣椒拌炒出香味。
3 放入隼人瓜、紅蘿蔔，並加入半杯水燜煮一下，讓瓜熟即可。
4 將醬油與黑醋加入，拌炒均勻收汁。

Point

隼人瓜是屬於大型的蔓藤植物，當作食用作物時會栽培在地面，並搭設棚架讓其生長。翠綠的果實可做為可愛的觀賞盆栽，如果瓜藤太長的話必須修剪，才能保持盆栽的美觀。修剪藤蔓時，記得至少要保持一截生長點，大約是在 2～4 片葉子的地方。天氣溫暖時，側芽很快就會長出來，隼人瓜對於水分的需求也較多，所以要保持土壤濕潤，別讓盆栽乾掉。

濃濃的人情味

｜人和人之間的緣份真的很奇妙，有時天南地北毫不相干的人，因著某些緣故就這麼連接在一起了，只是我的緣份多半和植物脫離不了關係的，就像與這一顆顆的隼人瓜。

｜早期隼人瓜是都市少見的半野生蔬菜，多半在偏遠小鎮或山地部落裡食用，第一次吃到隼人瓜是在山城鄰居的家裡。翡翠綠的瓜被切成四分之一的薄片，只是簡單的素炒，吃來有著淡淡的清香和甘甜味，而棚架上滿滿的綠葉，和一顆顆形狀特別的綠色小瓜更教人難忘，那吃瓜的記憶早已過了十多年，只是那瓜還在口裡留著餘香。

｜前些時日來到朋友在六龜的餐廳，友人親自下廚熱心的款待，端上六、七道自家栽種的鮮蔬野菜，其中有一道用豬肉薄片炒隼人瓜，瓜的清甜和豬皮的膠質以及醬汁融合的恰到好處，吃了令人回味再三。意猶未盡之餘，回家之後自己也試著用辣椒、蒜、醬油炒上一盤，除了沒有大爐的火候，滋味倒是不錯的，似乎對於廚藝，我也許有幾分天份。

｜細細咀嚼隼人瓜帶有夏天的滋味，邊懷念著南方在春天還能擁有的藍天白雲，以及乾爽的天氣，懷念那裡的黃昏，就像山城初夏才有的橙黃天色。

｜初夏天氣漸漸回暖，吃的是隼人瓜俗稱龍鬚菜的嫩芽，夏末一顆顆翠綠的小瓜，又是餐桌上的佳餚，如能在角落裡種上一株多年生的隼人瓜，一年四季都可以收成，堪稱既經濟又划算。如不能，就養幾顆瓜在盤裡，看著向上蜿蜒的綠芽，心裡也會有著歡喜。

可食用的部位｜**葉片、珠芽、塊根**
● 上市季節｜**全年**
● 盆栽觀賞期｜**全年**

川七

擁有濃綠肥厚的葉片

川七滑嫩的口感，

適合全家大小一起品嚐。

只要是手腳冰冷的朋友，

我都會推薦他們要吃川七。

原來飲食不僅追求美味，

更是和朋友閒話家常的好話題。

片片愛心

｜受颱風外圍環流的影響，下了幾天的豪大雨，菜價直線上揚，菜色品質卻很差，仰賴小園圃裡的菜蔬自然是不夠的。所幸這時節野生的川七，不畏豪雨照樣長的肥碩又茂盛，真沒菜下鍋的時候，也會提著籃子外出摘野菜去。

｜採川七的時候，我喜歡挑濃綠厚實的成熟葉，吃起來比較有口感，也許是心裡作用，總覺得薄薄的嫩葉比較沒營養。年少時認識川七是從報紙裡看來的，直到婚後在鄰近公園的一角，才見識到一大片川七，只是不曾嚐過，都市買菜方便，隨便走個幾步就是超市，那需費神自己摘採野菜。

Boussingaultia gracilis Miers van

｜來到山上之後第一次吃到川七竟是加在泡麵中，也許是因為泡麵口味重，壓過了川七的野味，留下了還不錯的印象。之後又在鑽研健康飲食的學生家裡，見著片片心葉攀爬在竹籬笆上，雖是野菜倒也雅緻。銀髮的奶奶採著川七葉，用麻油炒了薑絲點綴著紅色的枸杞子，放在淨白的瓷盤上，吃來齒頰留香。在多雨的冬天，偶爾也會這樣炒來吃，或在麻油雞裡燙幾片。火熱的夏天，不喜高溫油膩，則會加些肉絲煮成蔬菜湯，吃來更清爽。

｜川七是生命力很強的植物，很容易到處繁衍，這幾年馬路對面的花台上也自生了一片川七，閒暇時也會摘一小籃來炒，不過不能太常吃，因為家人可是會抗議的。做菜的人心裡還是會在意，做出來的菜大家是否喜歡，畢竟一個人吃完一整盤菜，不僅是壓力，也很無趣。

Autumn 種植好蔬菜

1. 野外隨處可見的野生川七，可剪取帶莖的葉子來繁殖。使用市場販售的葉片，也可以用葉插的方式繁殖，但是新芽需要較長的時間才會長出。

2. 阡插前先將葉子剪去一半，可減少葉片水分的蒸發，莖部也能順利發根。

3. 使用無肥料的泥炭苔來插枝，再鋪一層水苔來保濕。

4. 新芽陸續長出。

5. 等新芽夠大時，將原先的葉片剪去。

6. 川七的葉片如愛心，滿滿一盆非常美麗。

Q&A

Q｜川七底下的葉子一直變黃，是生病了嗎？

A｜川七的葉子老化後會變黃是正常的現象，只要將其去除即可。另外，觀察新葉是否有繼續生長，如果葉子掉的太厲害，可能是日照不足，此時就要換到光線充裕的位置。

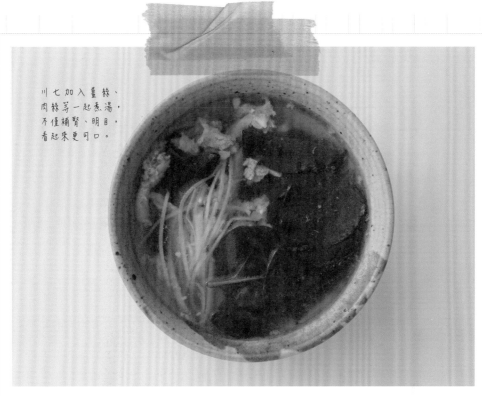

川七加入薑絲、
肉絲等一起煮湯，
不僅補腎、明目，
看起來更可口。

私房食譜｜
川七肉片湯

材料｜川七，肉片，薑絲，麻油
做法｜
1. 將麻油與薑爆香後，加入水或高湯煮沸並調味。
2. 放入肉片煮熟後，再加入川七煮沸後即熄火。
3. 起鍋前灑上薑絲。

Point

使用藤藍來栽培植物時，加鋪一層塑膠袋，可延長藍子的使用壽命。室內的川七盆栽只要保持濕潤，葉片就會生長，即使是插在水裡也能生長，就像黃金葛般。由於川七屬於蔓藤的植物，新芽會纏繞攀爬，可經常修剪保持小盆栽的模樣。由於川七生命力強繁殖快速，因此不可將盆栽隨意丟棄，以免氾濫成災。

可食用的部位 | **果實、嫩苞芽**
● 上市季節 | 1～3月、9～12月
● 盆栽觀賞期 | 3～6月、9～12月

玉米

小容器也可以種出小森林

一早，

從市場上買回了一袋玉米，

因為家人喜歡吃玉米，

所以我總會想著變出不一樣的玉米料理。

黃橙橙的顏色相當討喜，

無論是烹飪或者是做為植栽觀賞，

都很適合。

印第安人的主食

｜夜裡下了一場雨，盆栽顯得濕潤。不需要澆水的早晨，我正悠閒著，家人也都還睡著，於是騎著車下山上市場去了。買菜除了因為料理三餐的職責，另一部份應該就跟喜歡逛花圃的原因是一樣的，走走看看，與常常光顧的攤販閒聊上幾句，交換一下栽種心得。有時好奇追問他們的私房料理，總是得到水煮、清蒸或是炒一炒這類家常料理的方式。我發現他們都吃的很簡單，當然新鮮的食材就是要簡單料理，才能品嚐到食物的原味，也才能吃出健康。省去繁複的料理步驟與配料，省了能源、省了時間，一舉兩得。

｜自耕農因產量少，多半自己食用，除非收成過多時才會來市場。他們不固定賣哪些蔬菜，因此偶爾會看到一些新奇的菜種。像是白、黃、紫三個顏色共生於一穗的三色玉米，不過這種玉米成熟後澱粉多糖分低，米粒也較為硬實，適合閒暇慢慢啃著吃。

｜這些三色玉米和一般常吃的黃色甜玉米，或是白色糯玉米比起來，吃起來比較硬，家人取笑這是練牙齒用的！

｜果然，這些玉米真的滯銷了，想起前一陣子看的《橫山家之味》，影片中有一道將玉米剝粒，炸成天婦羅的料理。某日午後，我試著加上其他材料，包括玉米粒、南瓜、洋蔥、青椒等，混合粉漿入油鍋炸成天婦羅，竟然大受家人歡迎。我想，這就是市井小民的幸福吧！

1. 將乾燥的生玉米粒泡水一夜後平鋪在泥炭苔，或用一張廚房紙巾也可以，記得要加蓋保持濕潤。

2. 約1～2天就會發芽。

3. 新芽1公分後，就不必加蓋，只須保持土壤濕潤。

4. 接觸到光線後，新芽會慢慢變成綠色。

5. 玉米的葉片會凝聚室內空氣中的濕氣，在葉尖形成可愛的小水珠。

6. 約6～7天即可長成茂盛的玉米森林。

7. 剪除黃葉維持盆栽美觀。

Q&A

Q｜市場的生玉米可以栽種嗎？

A｜市場的生玉米成熟度不夠，加上是使用刀子削刮下來的，玉米粒早已不完整，因此不能用來種小盆栽，袋裝乾燥的玉米粒是爆米花用的，可能不會發芽。栽種玉米小盆栽要在種苗店購買播種用的玉米，而玉米盆栽只能用來觀賞葉片，並不食用。

香香甜甜的玉米，有了蝦
仁、青豆仁的搭配，滋味豐
富多變。

私房食譜 |
玉米天婦羅

材料 | 玉米，洋蔥，青豆仁，蝦仁，脆酥粉
做法 |
1 將洋蔥切小丁。
2 所有材料混合均勻。
3 用湯匙將麵糊舀入油鍋中炸酥即可。

Point

玉米發芽不可食用，但是可以當成觀賞盆栽，非常美麗而賞心悅目。從發芽的第一天開始，每一天都帶來驚奇，

生長快速，即使不用泥炭土，只使用廚房紙巾也可以生長，但要注意水分的補給，並隨時將黃葉剪除。

Part 4 Winter

冬天的
蔬菜

冬天，

因為天氣寒冷，

許多的步調都慢了，

適合來上一碗暖暖的熱湯，

為自己的五臟養氣。

這是個適合調養身體的季節，

既溫暖又合宜。

然而，

冬天並非是個萬物俱寂的季節。

仔細一看，

還有不少蔬果喜歡在冬天生長！

像是暖心的蒜頭、

紅色的紅丸大根、

具有清血療效的根甜菜，

以及荸薺、

洋蔥、

西洋芹、

草石蠶等，

都是愛好在這個季節生長的蔬果。

Winter

可食用的部位 | **地下球莖、葉片、花苞**
● 上市季節 | **全年**
● 盆栽觀賞期 | **12～4月**

蒜頭

又 能 食 用 又 能 觀 賞

蒜頭只要溫度低於25度就會開始發芽，
而且發芽後的蒜頭口感變的鬆軟，
味道也比較淡，
拿來種成新蒜苗很適合。

來去雲林蒜頭的故鄉

｜因為我的父母都是雲林人，小學的時候有好幾個暑假，我都在雲林的外婆家度過。短短二個月的暑假，記憶裡除了綠油油的稻田、水溝和陽光之外，我對父母的故鄉其實一無所知。

｜直到當了家庭主婦之後，因為蒜頭和爸媽的故鄉開始有了小小的關聯。這幾年更因著朋友的緣故，往來雲林的次數多了，對於這個農業大縣開始有了淺淺的輪廓。好幾次遠走北部的溼冷多雨，前往這個充滿陽光的嘉南平原，也逛逛鄉下的菜市場，南部的賣菜人家很多，大多是農人，只是他們的體型多半高大，和客家小鎮菜農的體格不大一樣，臉上的風霜也更加深邃。

｜閒逛菜市場是旅途中讓我最感到快樂的事，來到北港的市場，到處都是賣自家生產的蒜頭、花生以及蔬果，一堆堆像小山般堆疊著，買上一大袋蒜頭，再買個花生，已經沒有多餘的手來提其它的蔬果了，畢竟我是來遊玩而不是常住，買太多蔬果會徒增旅途的負擔。而大學的女兒竟然希望以後可以住在這樣的小鎮巷弄裡，這真讓我覺得意外！也許真有那麼一天吧！等我再也不能忍受北部的濕冷，就會像候鳥搬遷來這裡居住。

｜忽冷忽熱的秋天，人總和蒜頭一樣敏感，得到流行性感冒的人變多了，我就會煮蒜頭雞來溫補。從小就很怕中藥味的我，對於中藥補品總避之唯恐不及。雖然體質和味覺會隨著時間和年齡逐漸改變，只是藥補的味道還是令我難以消受。其實是不是需要進補完全因人而異，中醫上也說，吃對了就是補，近年來自然健康的食材最受到重視，不管是營養師還是醫生，皆一致鼓勵大家使用當季的新鮮食材來照顧身體，所以蔬果魚肉通通都是天然補品。

1.
發芽的蒜雖然風味不佳，但是
可以用來栽種。

2. 户外或陽台栽種通風良好，
只要將蒜頭一瓣瓣剝開就可，
不需要剝除外膜，直接排列在
盆土上即可。

3.
如果是室內栽種，則要剝除外
膜。

4. 只要土壤保持溼潤，蒜頭就會
一直生長，光線充足則生長更
良好，葉子會濃綠挺直。

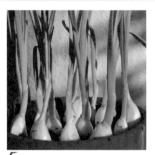

5. 盆栽蒜苗約15公分即可收成，
收成時可連同底下白色的蒜頭
一起料理。

6. 蒜頭亦可使用水栽，但栽種前
須將外膜剝除排列於淺盤中，
保持根部接觸水份約0.5公分。

7. 水栽法的蒜苗也可以發芽的
很好，但無法觀賞太久，綠芽
10～15公分即可連蒜頭一起收
成。

Q&A

Q｜任何季節都可以將蒜頭拿來栽培嗎？

A｜蒜頭在春天採收後會開始進入休眠所以不會發芽，除非使用人工

的方式打破休眠，但是對家庭栽培來說，這樣的方式沒有必要，而且

這樣也長不好，耐心等到秋天之後溫度下降低於25度時，蒜頭自然會

從夏眠中醒來，此時才是栽種的適當時機。

鮮嫩的雞肉加上大量的蒜頭去燉煮提味，是秋、冬天孤抗感冒的最佳補品。

私房食譜｜
蒜頭燉雞湯

材料｜蒜頭 1 碗，雞腿 2 隻（切塊），白胡椒粉、鹽各少許
做法｜
1 雞腿肉洗淨，放入滾水中汆燙、撈起；大蒜去皮、洗淨。
2 把所有材料、白胡椒和鹽一起入鍋中，加水淹過食材，放入電鍋中。外鍋加一杯水燉煮即可。

Point

蒜頭發芽後可以直接放在盛水盤上整齊排列，讓長根的部位接觸到些微的水即可生長，不要整個蒜頭泡在水裡，以免發霉腐爛。這種只給水的栽種方法要先將外膜去除，但是沒有外膜保護的蒜頭很容易發霉，一旦發霉就要立即拔除，發霉的蒜頭要丟棄不能食用。

冬

可食用的部位｜**花、葉、莖全株可食**
●上市季節｜1～3月
●盆栽觀賞期｜1～4月

紅丸大根

過 年 的 應 景 花 卉

紅丸大根就是表皮是紅色的迷你蘿蔔，

喜氣的紅色，

又有好彩頭的諧音，

過年擺放一盆在家裡吉祥又討喜。

珍惜全家人一起吃飯的時光

│這陣子經常過著東奔西跑的日子，已經兩星期沒買菜了，正確的說，應該是沒去買肉！

│女兒忙著畢業推甄，兒子忙著讀書，先生忙著自己的事，因此，我只要把自己餵飽就可以了。好一陣子我的飲食，都是仰賴先生每週回婆婆家所帶回的補給品，還有春天結束前採收的紅丸大根所做成的泡菜。但這些菜總有吃完的時候，我的冰箱已經空空如也，連顆水果都找不到了。

│極度不喜歡外食的我，食物短缺的時候也不例外，我可以忍受吃得很簡單，所以不管怎樣，冰箱總會存放好幾罐。我利用閒暇時預先做好醃漬小菜，偶爾有邀約才會外出縱情吃吃喝喝。

│每次爸爸看我忙不過來時都會說：「你吃外面就好了吧？或叫便當也可以，八十元就有肉有菜有飯，既便宜又省事。」可是我不這麼認為，因為「一分錢一分貨」，新鮮的好食材，雖然不一定昂貴，但一定有基本的價格，加上所用的油脂、調味料等，清洗食材所需使用的水，烹煮的燃料等，樣樣都是成本，而外食也做不出我喜歡的菜色，只要懂得買菜和料理的方法，自己做飯一點也不麻煩，隨便做兩、三樣菜，吃起來既美味又安心。

│午後，廚房裡傳來煎、煮、炒、炸的聲音，還有清洗碗筷的碰撞聲，這是一種多麼幸福的聲音啊！我總是懷抱著幸福與感恩的心情為家人做飯，珍惜全家人一起吃飯的時光，因為孩子很快地就會長大離家，個個獨立去飛翔了。

1. 過年前後會上市的紅丸大根
長相討喜,除了是可以食用的
蔬菜,也是花卉市場很重要的
應景盆栽。

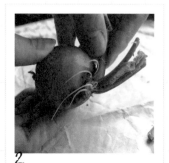

2. 將洗好的蘿蔔葉梗一一摘除,
留下中心完整的新芽。

3. 拔不乾淨的纖維可用剪刀或刀
片清除乾淨,避免滋生蚊蠅。

4. 直接使用沒有肥料成份的泥炭
土,將蘿蔔放上,保持土質濕
潤,但不可積水。

5. 蘿蔔底下會自然長出根來深入
土中,葉片也會開始生長。

6. 葉片長出後的紅丸大根,就是
很漂亮的觀賞盆栽。

Q|葉子上有黑黑的小蟲該怎麼辦?

A|葉子上黑黑的小蟲應該是蚜蟲,會群聚在葉子背面,或是新芽的地方。買回來的紅丸大根如果沒有仔細刷
洗就栽種,這些小蟲們就會隨著盆栽生長,這時候可將葉片全部拔除,拿到水龍頭下再刷一刷,或將葉片全
數拔除再刷洗就可以了。

醃得酸甜可口的漬蘿蔔，永遠都是家裡餐桌上用來開胃的一碟小菜。

私房食譜 |
醋漬蘿蔔

材料 | 蘿蔔 100 公克，鹽 5 公克（5%），壽司醋適量
做法
1. 蘿蔔外皮用軟刷洗乾淨，連皮切成薄片，均勻灑上鹽，靜置 4 小時。
2. 用手將蘿蔔水分捏乾。
3. 裝入清潔的玻璃瓶中，倒入壽司醋淹蘿蔔。
4. 約 2～3 天即可食用。

Point

冬天的蘿蔔非常耐儲存，尤其是用這種放在泥炭土上的蘿蔔，只要保持溼潤不要積水，就可以觀賞兩三個月，

放在光線良好的窗邊甚至還會開出花來，完全不必施肥只要澆水就行了，葉子如果太長也可修剪。

不要把盆栽拿到屋外，避免紋白蝶產卵，如果有蚜蟲害，可將葉梗全部剪掉，只保留梗頭就會重新發芽。

可食用的部位｜**葉片、莖**
●上市季節｜ **12～4月**
●盆栽觀賞期｜ **12～5月**

根甜菜

是 非 常 健 康 的 時 蔬

根甜菜是這幾年很夯的明星食材，
據說具有清血、
顧肝、降血糖、降血脂、
抗癌的功效，
平常就可以多吃。

賽跑來做菜

｜有個畫家朋友說，每天看電視也是他工作的一部份，古裝劇、時裝劇、偶像劇無一不看，內容演什麼不重要，他看的是那些角色都穿些什麼。

｜每次到書店我一定先是往園藝區走去，看看最近出了那些關於園藝的書籍，以及綠色生活的新點子。迅速瀏覽一遍後，如果看不到感興趣的，就轉移目標——看食譜。

在瀏覽食譜的時候會習慣的避開那種十分鐘搞定一道菜，或者三十分鐘做完一頓飯的食譜，因為做菜也是享受生活的一部份，不必像短跑衝刺還要讀秒，在指定時間內完成。

｜做菜，一定要好整以暇，慢條斯理，用悠閒的心情，放慢節奏來料理食材。因為心急如焚的當下，我是端不出什麼好料理的，只會讓心情緊張，萬一不小心搞砸了或家人不捧場，又會懊惱，如此做菜簡直成了壓力，而緊張的情緒也會影響接下來吃飯的心情。對家庭主婦來說，做菜有什麼困難呢？不過就是把食材洗乾淨，該煮熟的煮熟，如此而已。而有些對健康斤斤計較的人，連醬料調味都嫌多餘，如此一來做菜豈不更輕鬆容易。

｜曾經在「禪食」裡讀到，人只要吃糙米飯就夠了！真好，這下什麼菜都不必煮了，省時省力又環保。當我把這個新發現告訴 Lisa 的時候，Lisa 不以為然的說：「你當然可以天天只吃糙米飯，直到你瘋掉」。飲食當然並不光是填飽肚子這麼簡單而已，可是就是因為過度追求享受與方便，才會把環境弄得這麼糟不是嗎？雖然有心想要追求簡單的飲食，但極簡的禪食與極地的人們直接生吃肉類的方式，也不是我們仿傚的來的，我們的飲食主要還是由居住的環境來決定。

｜由於不習慣外食的油膩和味精，也不喜歡冷凍的料理包，因此當時間不夠用來做飯的時候，偶爾吃一頓不開爐火的餐點也不錯，我會把根甜菜、西洋芹、蘋果等切成片或條狀直接灑點鹽或者拿來沾醬吃，天冷不喜歡吃冷食時把根甜菜片用烤箱烤熱一下熱熱的吃，少了土腥味吃起來更清甜，這是除了醋漬甜菜絲之外，另一種讓我喜歡甜菜的吃法。

Winter 種植好蔬菜

1. 市售的根甜菜為了保存會將梗頭切得非常乾淨，不過生命力旺盛的甜菜根還是會長出葉子來的。

2. 使用沒有肥料成份的泥炭土，放上根甜菜保持濕潤，但不可積水。

3. 約1～2星期就會長出根來，葉片也會開始生長。

4. 葉片越長越多也越來越大，放在窗邊或明亮的地方，色澤會較鮮艷。

5. 美麗的紅色葉片除了觀賞，也可以食用。

6. 採收葉片時要將葉柄整個取下，不要留一截。

Q&A

Q｜根甜菜放了一段時間後竟然發芽了，還可以食用嗎？

A｜可以的。根甜菜是生命力很強的蔬菜，因此只要環境適合很容易發芽，發芽的根甜菜還是可以食用，沒有問題。剛買回來的根甜菜也可以將葉芽拔除乾淨後放入冰箱保存，比較不會發芽。

吃起來又紅又甜，和名字一樣，切開後顏色是紫紅色，帶著淡淡甜味。

私房食譜 |
烤甜菜沙拉

材料 | 根甜菜、蘋果、柳橙各 1 顆，甜菜葉少許，義式油醋醬適量
做法 |
1 根甜菜去皮、洗淨，切成 0.5 公分的薄片，平鋪於烤盤上灑上糖，進烤箱烤 10 分鐘即可取出放涼。
2. 柳橙、蘋果均去皮、去籽，切成薄片。
3. 根甜菜、柳橙、蘋果片均放入盤中，食用時淋上義式油醋即可。

Point

根甜菜非常耐儲存，因此一年四季都可以買到冷藏品，只要放在室溫下回溫，葉片就會自然生長，葉片生長的養份是由莖所提供的，因此不必施肥，以免莖部腐爛。如果是種在有空調的室內，即使是夏天也可以觀賞很長一段時間。

可食用的部位 | **地下莖**
●上市季節 | **11～3月**
●盆栽觀賞期 | **全年**

冬

荸薺

又脆又甜又新鮮

從市場買回來的荸薺不用去皮，
用水慢慢養出細長的綠莖，
種入寬大的透明玻璃瓶中，
再撈進去幾隻小孔雀魚，
煞是好看。

情感是美食的調味料

｜早晨出門時兒子有感而發的說，很懷念小時候常吃到的乾煎肉魚，希望今天的晚餐可以吃到，所以一早顧不得天氣不好，照樣上市場採買肉魚去了。捨棄平常習慣騎車的採買路線，專程步行到市場中間，魚攤上正好剩下六尾看起來很新鮮的肉魚，兩個男人站在一旁，我問了一聲：「肉魚一斤多少錢？」

｜「我不是老闆」其中一個說。

｜「我知道你不是老闆，你是對面賣豬肉的張大春。」我說，只見他驚訝的傻笑著。

｜賣魚的老闆原來跑到對面和豆腐西施聊天去了，聽到豬肉張的吆喝聲急急忙忙跑回來。剛到楊梅的前幾年，很習慣買這攤的豬肉，後來改用騎機車買菜，就懶得走進人多擁擠的市場中間，多半只在外圍採買。那時年輕的豆腐西施剛開始做市場生意，算是新鮮人，長相清秀頗得人緣，賣的都是素食食材，我常跟她買芋薺，一旁緊鄰著豬肉張和母親共同經營攤位，所以也順道買個豬絞肉回家做珍珠丸子。十年一晃而過，西施略顯福態，豬肉張看來還是不改喜歡串門子的個性。

｜我喜歡美食，但美食並不侷限於餐廳，更多的時候只在街角巷弄。我對於食材雖然很挑剔，但新鮮的好食材，只要早起走一趟傳統市場就能買到，花費也不用太多。市場裡的生意人哪攤值得信賴，大夥兒就會互相通風報信，懶得做飯時，兩個山頭的朋友們也會吆喝一聲，結伴去吃美食。然而，吃過的美食能留在記憶裡的畢竟並不多，所謂的美食漸漸的已不能再吸引我了。

｜隨著年紀漸長，胃口也變小了，不再有太大的興趣為美食遠征，朋友一起吃喝的機會也逐漸變少。倒是常會想起那段媽媽們利用先生上班，孩子上學的空檔，到處遊走的日子。而真正令我回味再三的美食，竟然是在朋友家吃的家常菜！原來美食之於我，是混雜拌入了許多感情成份的。

Winter 種植好蔬菜

1. 栽種荸薺剛開始的水不用放太多，大約 1 公分即可。

2. 天氣溫暖時，大約 2 星期就會發芽。

3. 新芽越來越長時，可移到光線充足的窗邊或戶外。葉子還短的時候，可以用小碟子或茶碗養著，非常可愛。

4. 也可用大玻璃瓶養荸薺，不過還沒長根前，水不要放太多，太多水荸薺會浮起來，無法固定；也可以用麥飯石來固定，還能淨化水質、保持清澈。

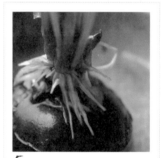

5. 注意荸薺的根是由發芽的地方長出來的。

6. 荸薺盆栽可以養一些小魚，如孔雀魚或是大肚魚等。

Q ｜荸薺盆栽需要經常換水嗎？

A ｜如果水很清澈且沒有異味，不需要換水，但隨著荸薺的生長水份會消耗，一定要記得加水，不要讓盆栽乾涸影響荸薺的健康。如果水中有養小魚，飼料也不要餵的太多，才能保持清澈，沒有異味。

加了荸薺的肉丸子，
不僅讓肉丸子味道清
爽，也更加提鮮。

私房食譜│
珍珠丸子

材料│長糯米 2 杯，絞肉 1 斤，荸薺、胡蘿蔔、芹菜各 50 公克，鹽、白胡椒、香油各適量
做法│
1. 長糯米洗淨，泡水一夜備用。
2. 荸薺洗淨，用刀拍碎，切小丁。
3. 胡蘿蔔和芹菜洗淨，均切細末。
4. 將所有材料放入大碗中，加入適量的鹽、白胡椒、香油，用手甩出黏性，捏成丸子。
5. 表面沾上均勻糯米，排入盤中，放入電鍋，外鍋放一杯水把丸子蒸熟即可。

Point

從市場買回來的新鮮荸薺，多半帶有泥土，要先刷洗乾淨才能開始栽種，種的時候也要盡量保持水質清澈，

當水渾濁時就要更換，如果葉片太長，可以直接剪短觀賞。

可食用的部位｜**球莖、綠色葉片**
● 上市季節｜**全年**
● 盆栽觀賞期｜**1～4月**

冬

洋蔥

香氣濃郁甘甜好滋味

大概很多人不喜歡洋蔥，

尤其是切的時候害怕流眼淚，

但是我特別喜歡洋蔥的鮮甜味，

尤其是屏東的洋蔥更是甜美好食。

市場生意的藝術

｜傳統市場裡除了買菜，也是個觀察人生百態的好地方，林林總總的小販，每個人都有自己的個性，也都有自己的一套做生意的方法，嘴巴甜一點的，總是比較討顧客的歡喜。夫妻檔的豬肉攤，先生總是梳著油亮整齊的頭髮，一副短小精幹的模樣，手腳俐落，豬肉的品質也好，對顧客總是大姐長、大姐短的噓寒問暖。有次我很好奇的問他，那些戴著安全帽口罩，全身只露出眼睛的，是如何看出人家的年齡，足以稱呼為大姐？說不定人家還比你年輕！那老闆愣了一下，尷尬的笑著說：「反正一律叫大姐準沒錯」。

｜我雖然喜歡逛傳統市場，不過一星期頂多去一次，有時一忙或是天氣不好，兩、三個星期也是常有的事。眼看著下個星期就要過年了，得趁著市場人還不太多時趕快去採買，越是靠近過年，市場裡採買的人就會突然暴增，這時候就更不想去買菜！平常已經吃得夠好了，沒有必要再為了過年傷腦筋人擠人，幾天不吃肉對我來說也沒什麼關係，但卻不能不顧及到家人。先買些耐放的蔬菜，一袋洋蔥和番茄，兩個大白菜一大顆南瓜，做豬肉料理的時候我喜歡加洋蔥，切絲、切塊、紅燒、拌炒，所以洋蔥是一年四季必備的食材。

｜隨著過年的腳步越來越近，我的過年症候群也越發明顯，不想購物不想出門，不想買菜不想吃東西，對所有年節的活動興趣缺缺。我發現我的過年症候群，是每年過年前一個月就開始，然後持續到年節結束，三大年節可以說是許多家庭主婦最頭痛的日子。

｜那些可怕的年節食物，以及無孔不入的商品行銷，告訴你要買這買那，合法公開的向大眾兜售那些根本不利於健康的食物。前幾年我還會從善如流，今年除了花草植物，我連半件年貨都沒有買，朋友老是取笑我大概是打算吃花卉盆栽過年。

｜「別擔心，過年我打算吃平常不吃的東西！」我說著。

｜當然我還是有準備了年貨，上好春茶一斤，美麗的春天花草三打，可以現採現吃的園圃蔬菜一平方公尺，悠閒的心情無止盡供應。此外，就是住家附近隨意走走，取代那些名為外出旅遊散心，實則是自我虐待的活動。

1. 洋蔥如果存放太久，不但會從中心發芽，口感也會鬆散而滋味變差。

2. 如果外膜已經半剝落了，可以稍加清除，不用將所有外膜都剝除。

3. 在杯子內放少許清水，洋蔥即會開始生長，只要放在明亮的窗邊給予少許日照，洋蔥的葉子就會長得又綠又挺直。

4. 洋蔥的葉子會長到30公分以上，但太長會倒伏，可修剪到適當長度。

5. 可以把青蔥全部剪下來食用，還會再次萌芽，直到球莖的養分用盡。

Q | 任何季節都可以將洋蔥種來當觀賞盆栽嗎？

A | 可以的，因為台灣全年都有洋蔥，而且價格低廉。發芽的洋蔥也可以和當季的花卉組合栽種在一起，構成趣味又美麗的盆栽。

柴魚搭著洋蔥更添鮮味，切了
紫色洋蔥讓顏色更鮮豔一些。

私房食譜｜
柴魚漬洋蔥

材料｜洋蔥 1 顆，柴魚片、日式昆布醬油、壽司醋各 2 大匙，芝麻少許
做法｜
1. 洋蔥去皮膜，用刨刀刨絲，放入冰開水泡二分鐘，取出輕輕捏乾。
2. 全部材料拌勻，放入冰箱冷藏 2 天入味即可食用。

Point

使用無介質的水栽洋蔥法，就可以收成綠色的蔥葉，但幾次之後球莖的養份會慢慢消耗殆盡，變得鬆散，

不再渾圓飽滿，也不美觀了，所以種植一段時間後就可以捨棄，使用新的洋蔥來重新栽種。

可食用的部位｜葉柄、葉片
● 上市季節｜全年
● 盆栽觀賞期｜12～5月

西洋芹

清甜的瘦身時蔬

西洋芹是可以降血壓、
瘦身的健康蔬菜，
清脆的口感也很受到女生的歡迎；
我喜歡剝下外面的菜柄來煮湯，
或是做成蔬菜棒吃，
中心的部分就留下來觀賞。

身為女人最痛苦的事

｜隨著花季綻放，天氣漸漸溫暖，賞花、踏青等，各種活動陸續登場，大夥聚會免不了要吃吃喝喝在一塊。席間吃得起勁無所不聊，忽而就會有人拋出最近胖了幾公斤這種話題，緊接著就是一陣熱絡的減重方法，然後燈光就倏地暗了下來，縱情吃喝之後開始感到消化不良。

｜有位更年期的朋友用「一暝大一吋」來形容無法控制的體重。「瘦」當然並不等於會美一點、年輕一點或是健康一點，與其想著如何變瘦，倒不如把心思花在如何讓自己健康。當所有的器官都能正常運作的時候，自然能維持良好的體態，看起來也會比較年輕有活力，當然，適度的運動是一定要的，不能老是坐下來吃吃喝喝。

｜鄰居號稱最近吃的減肥蔬菜湯，讓她一週瘦2公斤，所以大夥兒馬上抄錄下來，材料是：高麗菜1/2個、洋蔥1粒、青椒1個、西洋芹1株、蕃茄3粒，加水淹過材料煮個半小時再調味，上述的材料煮起來大約一個十人份的電鍋，冷卻後要放冰箱保存，吃的時候取出適當的份量加熱即可。

｜這個無肉無油的湯，每餐都要吃一大碗，光是用看的，我就覺得已經瘦掉好幾公斤，實在稱不上是美食，我寧可把這些食材切一切直接啃來吃。我想既然這樣厲害，那一個月後鄰居不就恢復小姐時的身材？多讓人羨慕啊！幾個月後大夥再次相聚，我問了她可有繼續吃著減肥蔬菜？

｜「吃了二個星期後，我就無法再說服自己繼續吃下去了！」鄰居這樣說著。

Winter 種植好蔬菜

1. 西洋芹料理時使用外側的葉柄，用來煮湯可增添芹菜香氣。

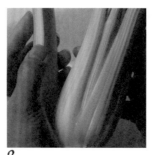

2. 外面葉柄剝來吃，中心的嫩黃葉雖然口感不佳，但可用來觀賞，增添綠意。

3. 摘下葉柄時，梗頭會留下一些突出的纖維，要用刀削乾淨，水才不會渾濁。

4. 保持梗頭的部份接觸到清水即可，葉柄泡在水裡的部份不要超過1公分。

5. 水耕時不需要放在窗邊，只要能接觸到日光燈的光線，栽培至2～3天時，中心的嫩黃葉就會漸漸抽長變綠，也會帶有香氣。左邊是剛種下的，右邊是栽培3天的。

6. 春天的西洋芹會從梗頭長出許多根來，有根的西芹也可以移到花盆栽種，會繼續長大並增加側芽。

Q ｜ 西洋芹養在水杯一段時間後，竟然長出根來了，是否需要移到花盆裡栽種？

A ｜ 西洋芹長根後就可以移到花盆或陽台栽種了，但要記得保持土壤濕潤，1～2星期之後根部生長完整，可以施一點肥幫助它長得更好，不過西洋芹不適應高溫，通常在夏天來臨時就會死掉。

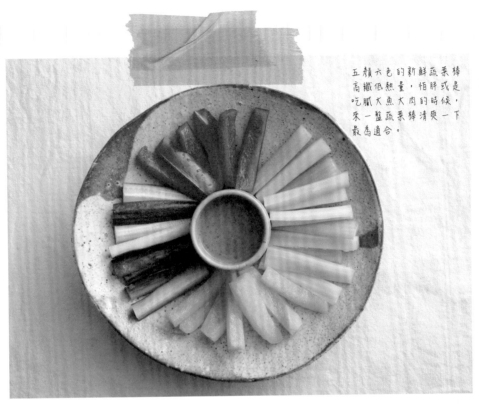

五顏六色的新鮮蔬菜棒
高纖低熱量，怕胖或是
吃膩大魚大肉的時候，
來一盤蔬菜棒清爽一下
最為適合。

私房食譜 │
胡麻沙拉棒

材料│西洋芹、彩色甜椒各 1 顆，小黃瓜 1 條，胡麻沙拉醬適量
做法│
1. 西洋芹、彩色甜椒、小黃瓜洗淨，均切成條狀。
2. 直接用蔬菜棒沾沙拉醬食用即可。

Point

一年四季都可以在市場買到西洋芹，因此四季都可以用水栽法來栽種觀賞，冷涼的季節觀賞期長達一至兩個

月，但天氣炎熱時水容易渾濁，要經常換水保持清澈，才不會有腐敗味。

COPYRIGHT

腳丫文化
■ K068

蔬菜變盆栽

國家圖書館出版品預行編目資料

蔬菜變盆栽 / 董淑芬著. -- 第一版.
-- 臺北市：腳丫文化, 民102.01
　面；　　公分. -- (腳丫文化；K068)
ISBN 978-986-7637-78-9(平裝)
1.蔬菜　2.栽培　3.盆栽
435.2　　　　　　　　101026274

缺頁或裝訂錯誤請寄回本社＜業務部＞更換。
本著作所有文字、圖片、影音、圖形等均受智
慧財產權保障，未經本社同意，請勿擅自取
用，不論部份或全部重製、仿製或其他方式加
以侵害，均屬侵權。

腳丫文化及文經社共同網址：
www.cosmax.com.tw/
www.facebook.com/cosmax.co
或上「博客來網路書店」查詢。

　　　　　　　　Printed in Taiwan

著　作　人：董淑芬
社　　　長：吳榮斌
企　劃　編　輯：黃佳燕、張怡寧
美　術　設　計：繁花似錦 inthebloom0818@gmail.com 吳景賢
插　　　畫：黃宇寧
出　版　者：腳丫文化出版事業有限公司

總社‧編輯部
社　　　址：104-85 台北市建國北路二段 66 號 11 樓之一
電　　　話：（02）2517-6688
傳　　　真：（02）2515-3368
E-mail：cosmax.pub@msa.hinet.net

業　務　部
地　　　址：241-58 新北市三重區光復路一段 61 巷 27 號 11 樓 A
電　　　話：（02）2278-3158‧2278-2563
傳　　　真：（02）2278-3168
E-mail：cosmax27@ms76.hinet.net
郵　撥　帳　號：19768287 腳丫文化出版事業有限公司

國內總經銷：千富圖書有限公司（千淞‧建中）
　　　　　　（02）8251-5886
新加坡總代理：Novum Organum PublishingHouse Pte Ltd
　　　　　　TEL：65-6462-6141
馬來西亞總代理：Novum Organum Publishing House(M)Sdn. Bhd.
　　　　　　TEL：603-9179-6333
印　刷　所：通南彩色印刷有限公司
法　律　顧　問：鄭玉燦律師　（02）2915-5229

定　　　價：新台幣 300 元
發　行　日：2013 年 1 月　第一版　第 1 刷